Fundamente

|der Mathematik|

Niedersachsen

Gymnasium G9 · Einführungsphase

| Arbeitsheft |

Basisaufgaben

1 Funktionen: Markieren Sie alle zu einer Funktion passenden Karten mit der gleichen Farbe.

Hilfe: Für $y = f(x) = x^2$ gilt: $f(3) = 3^2 = 9$; $P(3|9)$ gehört zu f; Definitionsbereich $D = \mathbb{R}$ und Wertebereich $W = \mathbb{R}^{\geq 0}$.

| $f(x) = \frac{1}{x}$ | $f(x) = \sqrt{x}$ | $f(x) = x^2 + 1$ | $f(1) = 1$ |

| $D = [0, \infty)$ | $W = [0, \infty)$ | $D = \mathbb{R}^{\neq 0}$ | $f(3) = 10$ |

| $D = \mathbb{R}$ | $W = \mathbb{R}^{\neq 0}$ | $f(4) = 2$ | $W = [1, \infty)$ |

2 Kreuzen Sie unten an, welche der vier obigen Aussagen zutreffen.

① Eine Funktion ordnet jedem Wert des Definitionsbereichs genau einen Wert des Wertebereichs zu.

② Es gibt ein Element des Definitionsbereichs, dem verschiedene Werte des Wertebereichs zugeordnet werden.

③ Ein Wert des Wertebereichs kann bei einer Funktion mehrfach angenommen werden.

④ Es liegt der Graph einer Funktion vor.

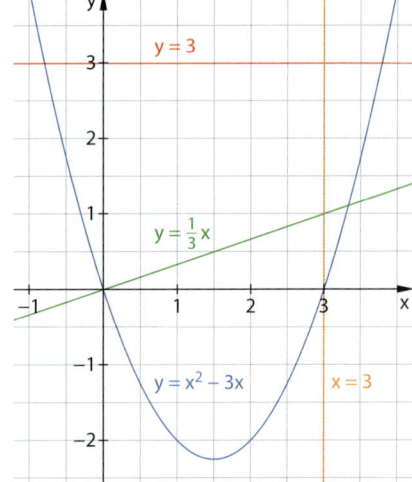

a) Die Gerade mit der Gleichung $y = 3$. ☐ ① ☐ ② ☐ ③ ☐ ④

b) Die Gerade mit der Gleichung $x = 3$. ☐ ① ☐ ② ☐ ③ ☐ ④

c) Die Gerade mit der Gleichung $y = \frac{1}{3}x$. ☐ ① ☐ ② ☐ ③ ☐ ④

d) Die Kurve mit der Gleichung $y = x^2 - 3x$. ☐ ① ☐ ② ☐ ③ ☐ ④

3 Lineare Funktionen: Geben Sie die Gleichungen der Geraden und die Parameter an.

Hilfe: $y = f(x) = mx + b$

Gleichungen der Geraden	Steigung	y-Abschnitt
$f(x) =$	$m = \frac{1}{2}$	$b = -2$
$g(x) =$		
$h(x) =$		

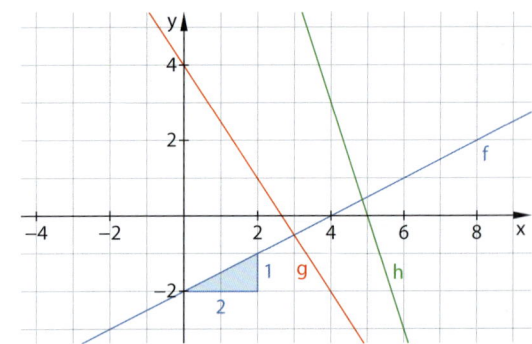

4 Die Funktion f hat die Gleichung $f(x) = -\frac{1}{4}x - 1$. Geben Sie die Funktionsgleichungen und die Achsenschnittpunkte von g, h und i an.

$g(x) =$ _____

$P(\underline{\quad}|0);\quad Q(0|\underline{\quad})$

$h(x) =$ _____

$R(\underline{\quad}|0);\quad S(0|\underline{\quad})$

$i(x) =$ _____

$T(\underline{\quad}|0);\quad U(0|\underline{\quad})$

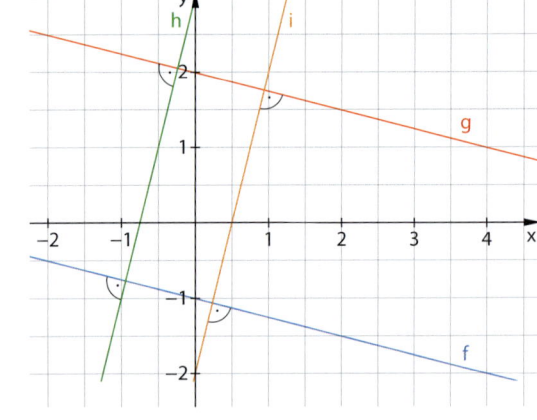

5 Ermitteln Sie die Gleichung der Geraden, die durch die gegebenen Punkte verläuft.

a) $P(-3|3)$ und $Q(1|-5)$  **b)** $S(1|-5)$ und $T(5|3)$

1. Berechnen der Steigung m

$$m = \frac{y_P - y_Q}{x_P - x_Q} = \frac{\quad}{-3 - 1} = \underline{\quad\quad}$$

$$m = \frac{\quad}{x_S - x_T} = \frac{\quad}{1 - 5} = \underline{\quad\quad}$$

2. Berechnen des y-Abschnitts b

$y = mx + b$

$3 = (\underline{\quad}) \cdot (\underline{\quad}) + b$

$3 = 6 + b \qquad\qquad |-6$

$-3 = b$

3. Aufstellen der Gleichung der Geraden

$f(x) = \underline{\quad\quad\quad}$

Zusatzaufgabe: Führen Sie im Kopf die Proben durch.

6 Quadratische Funktionen: Ordnen Sie den Graphen zuerst ihre Funktionsgleichungen zu.
Ergänzen Sie danach die Tabelle. Zeichnen Sie die fehlenden Graphen ein.

Hilfe: Für $f(x) = a(x - x_S)^2 + y_S$ gilt: Scheitelpunkt $S(x_S|y_S)$;
Öffnung nach unten bei $a < 0$; schmaler als die Normalparabel bei $|a| > 1$

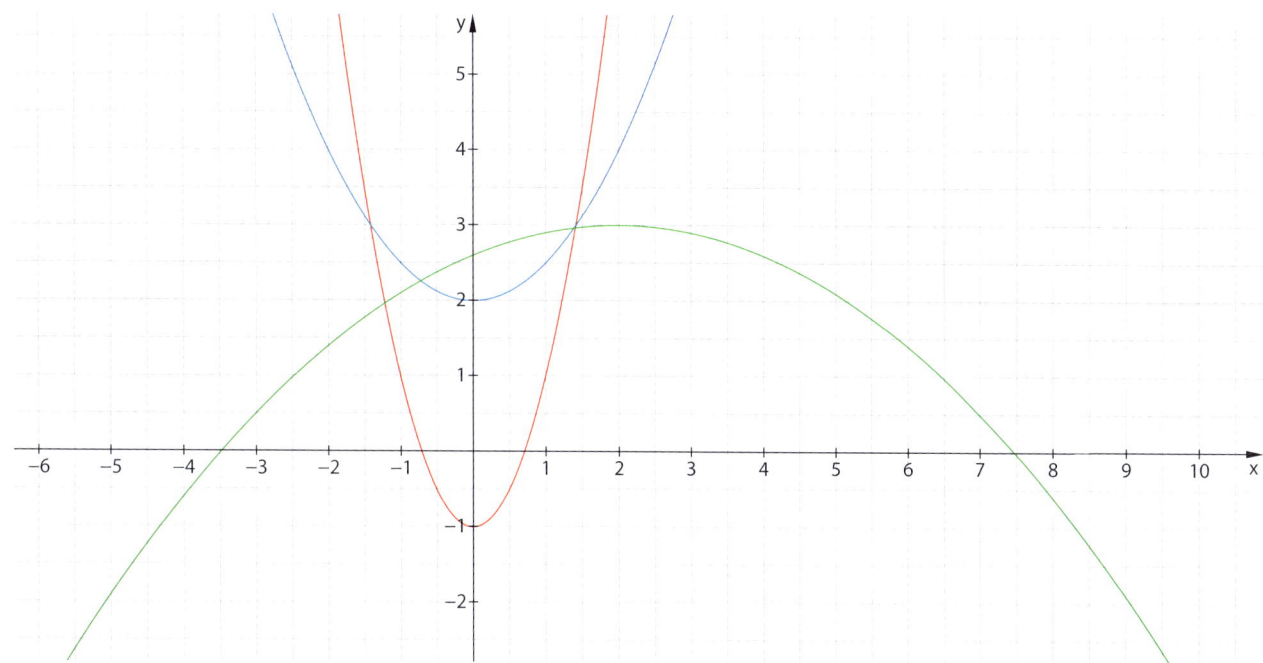

Funktionsgleichung	Scheitelpunkt	Öffnung nach		mit Faktor ...		verschobene Normalparabel	Anzahl der Nullstellen
		oben	unten	gestreckt	gestaucht		
$f(x) = 2x^2 - 1$							
$g(x) = 0,5 x^2 + 2$							
$h(x) =$	$S(5|1)$	x				x	0
$i(x) = -4(x + 4)^2$							
$j(x) =$	$S(2|3)$		x				

7 Berechnen Sie die Nullstellen.

Hilfe: Für $0 = x^2 + px + q$ gilt: $x_1 = -\dfrac{p}{2} + \sqrt{\left(\dfrac{p}{2}\right)^2 - q}$ und $x_2 = -\dfrac{p}{2} - \sqrt{\left(\dfrac{p}{2}\right)^2 - q}$.

$f(x) = 3x^2 - 21x + 18$ $\qquad\qquad$ $g(x) = -3x^2 - 12x - 9$

$$x_{1,2} = -\frac{p}{2} \pm \sqrt{\left(\frac{p}{2}\right)^2 - q}$$
$$(x + y)^2 = x^2 + 2xy + y^2$$
$$(x - y)^2 = x^2 - 2xy + y^2$$

8 Skizzieren von Parabeln mithilfe von Scheitelpunkten und Nullstellen

a) Ermitteln Sie die Scheitelpunkte der Parabeln.

Hilfe: 1. Streckfaktor ausklammern; 2. Quadratische Ergänzung: binomische Formeln anwenden und ergänzen.

$f(x) = 2x^2 - 4x - 2$ $\qquad$ $g(x) = -0{,}5x^2 + 2x - 1{,}5$ $\qquad$ $h(x) = 3x^2 + 6x - 2$

$f(x) = \underline{\quad} \cdot (x^2 - 2x - 1)$ $\qquad$ $g(x) = \underline{\hspace{3cm}}$ $\qquad$ $h(x) = \underline{\hspace{3cm}}$

$f(x) = \underline{\quad} \cdot \left((x - 1)^2 - \underline{\quad}\right)$ $\qquad$ $g(x) = \underline{\hspace{3cm}}$ $\qquad$ $h(x) = \underline{\hspace{3cm}}$

$f(x) = \underline{\quad} \cdot (x - 1)^2 \underline{\quad}$ $\qquad$ $g(x) = \underline{\hspace{3cm}}$ $\qquad$ $h(x) = \underline{\hspace{3cm}}$

$S(\underline{\quad} | \underline{\quad})$ $\qquad\qquad$ $S(\underline{\quad} | \underline{\quad})$ $\qquad\qquad$ $S(\underline{\quad} | \underline{\quad})$

b) Berechnen Sie zuerst die Nullstellen der Funktionen aus Teilaufgabe a.
Skizzieren Sie danach die Graphen mithilfe der berechneten Werte.

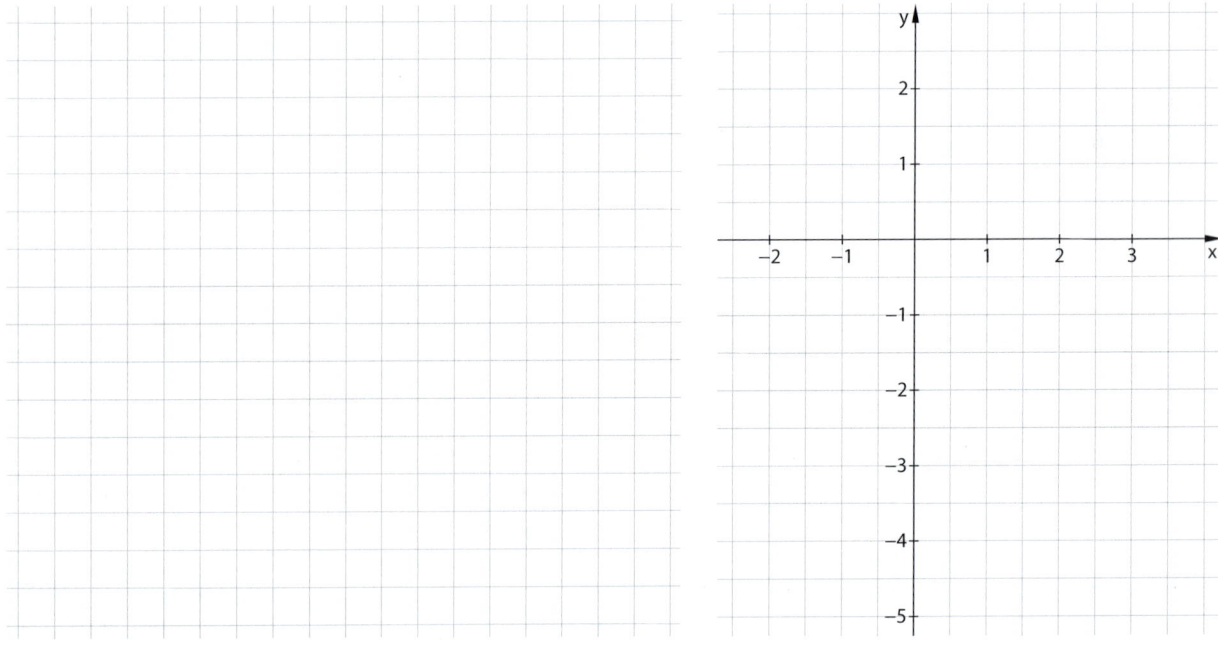

9 Ergänzen Sie zu wahren Aussagen.

Zueinander parallele (nicht identische) Geraden haben $\underline{\hspace{5cm}}$ und unterschiedliche

$\underline{\hspace{4cm}}$.

Liegt die Gleichung einer quadratischen Funktion in faktorisierter Form vor, kann man die $\underline{\hspace{3cm}}$

ablesen.

Die Graphen einer linearen und einer quadratischen Funktion können höchstens $\underline{\hspace{2cm}}$ gemeinsame

Punkte haben.

Weiterführende Aufgaben

10 Berechnen Sie die Schnittpunkte der Parabel f und der Geraden g.

Überprüfen Sie Ihre Ergebnisse jeweils mithilfe der grafischen Darstellung.

a) $f(x) = x^2 + x - 2$
$g(x) = -x - 2$

b) $f(x) = x^2 - 3x + \frac{5}{2}$
$g(x) = \frac{5}{2} - x$

c) $f(x) = \left(x - \frac{3}{2}\right)^2 + 2$
$g(x) = 4 - 2x$

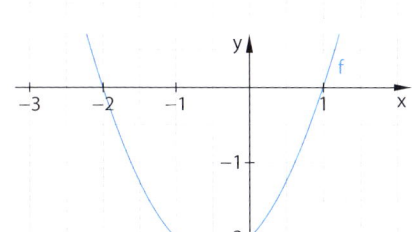 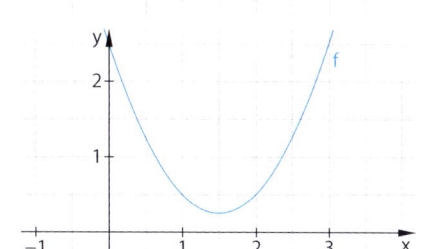 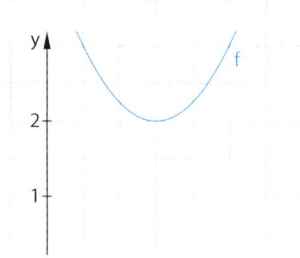

Zusatzaufgabe: Der Graph f mit $f(x) = x^2 + x - 2$ schneidet die Gerade g nicht. Geben Sie zu g eine Gleichung an.

11 Im fünften Versuch hat die Kugel eines Kugelstoßers die Flugbahn mit der Gleichung $y = f(x) = -0{,}06 x^2 + 0{,}6 x + 1{,}8$.

Ergänzen Sie die Angaben für den letzten Stoß.

Versuch	1.	2.	3.	4.	5.
Stoßweite in m	11,51	–	11,13	12,37	

Abstoßhöhe: _____ m

maximale Höhe: _____ m

Verbesserung um: _____ m

12 Es werden je drei Transformationen nacheinander ausgeführt.

Ergänzen Sie die Funktionsgleichungen und den Scheitelpunkt des jeweils letzten Graphen.

Abkürzungen der Transformationen:
Vx: Verschieben um 2 nach links
St: Strecken um den Faktor 2
Vy: Verschieben um 3 nach unten
Sx: Spiegeln an der x-Achse
Sy: Spiegeln an der y-Achse

Funktion am Anfang	Ergebnis der ersten Veränderung	Ergebnis der zweiten Veränderung	Ergebnis der dritten Veränderung	Scheitelpunkt nach der dritten Veränderung
$f_0(x) = 3x^2$	Vx $f_1(x) =$	Sy $f_2(x) = 3(x-2)^2$	Vy $f_3(x) =$	
$g_0(x) = (x-2)^2$	Sx $g_1(x) =$	Vy $g_2(x) =$	St $g_3(x) =$	
$h_0(x) = 2x^2 + 1$	Sy $h_1(x) =$	Sx $h_2(x) =$	Vx $h(x) =$	

Basisaufgaben

1 Potenzfunktionen mit natürlichen, geraden Exponenten: Wertetabelle und Graph

a) Vervollständigen Sie die Wertetabelle für die gegebenen x-Werte.

Beschriften Sie die Graphen.

	−2	−1	0	1	2
$f(x) = x^4$					
$g(x) = x^6$					
$h(x) = x^8$					

b) Skizzieren Sie den Graphen von $h(x) = x^8$ im Koordinatensystem.

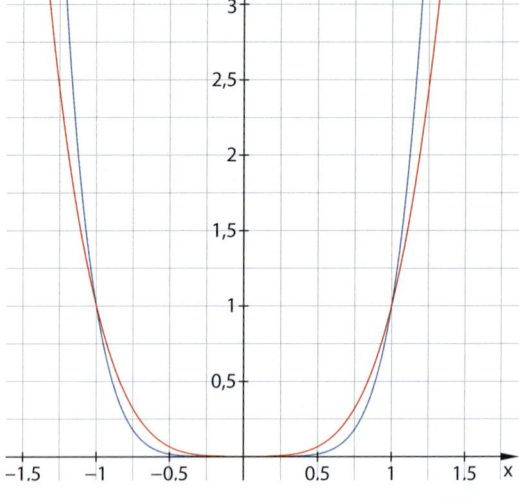

2 Nachweis von Achsensymmetrie: Weisen Sie rechnerisch die Achsensymmetrie zur y-Achse nach.

Hilfe: Der Graph einer Funktion ist achsensymmetrisch zur y-Achse, wenn gilt: $f(-x) = f(x)$.

a) $f(x) = x^{10}$ $f(-x) = (-x)^{10} = $ _____

b) $f(x) = -3x^2$ $f(-x) = $ _____

c) $f(x) = -x^{20}$ $f(-x) = $ _____

Zusatzaufgabe: Weisen Sie rechnerisch nach, dass bei $f(x) = 4(x-2)^2$ keine Achsensymmetrie zur y-Achse vorliegt.

3 Potenzfunktionen mit natürlichen, ungeraden Exponenten: Wertetabelle und Graph

a) Vervollständigen Sie die Wertetabelle für die gegebenen x-Werte.

Beschriften Sie die Graphen.

	−2	−1	0	1	2
$f(x) = x^5$					
$g(x) = x^7$					
$h(x) = x^9$					

b) Skizzieren Sie den Graphen von $h(x) = x^9$ im Koordinatensystem.

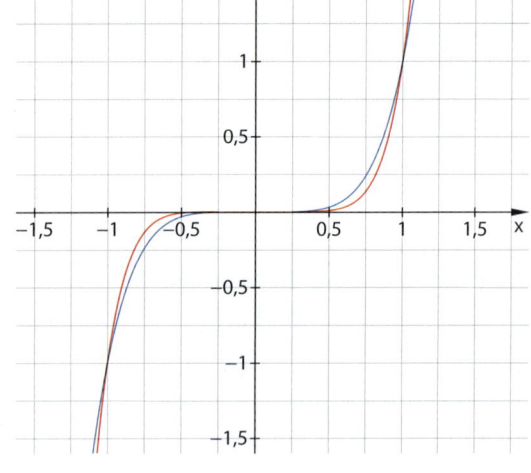

4 Nachweis von Punktsymmetrie: Weisen Sie rechnerisch die Punktsymmetrie zum Ursprung nach.

Hilfe: Der Graph einer Funktion ist punktsymmetrisch zum Ursprung, wenn gilt: $f(-x) = -f(x)$.

a) $f(x) = x^{15}$ $f(-x) = (-x)^{15} = $ _____

b) $f(x) = \frac{1}{3}x^7$ $f(-x) = $ _____

c) $f(x) = -5x^{21}$ $f(-x) = $ _____

Zusatzaufgabe: Weisen Sie rechnerisch nach, dass bei $f(x) = -5x^5 - 5$ keine Punktsymmetrie zum Ursprung vorliegt.

5 **Potenzfunktionen mit natürlichen Exponenten:** Kreuzen Sie Zutreffendes an.

Definitionsbereich $D = \mathbb{R}$ ☐ $f(x) = x^{777}$ ☐ $g(x) = x^{888}$ ☐ $h(x) = x^{999}$

Wertebereich $W = \mathbb{R} \geq 0$ ☐ $f(x) = x^{22}$ ☐ $g(x) = x^{33}$ ☐ $h(x) = x^{77}$

Der Graph der Funktion ist punktsymmetrisch. ☐ $f(x) = x^{111}$ ☐ $g(x) = x^{444}$ ☐ $h(x) = x^{555}$

Für $x \to -\infty$ gilt $f(x) \to -\infty$. ☐ $f(x) = x^{12}$ ☐ $g(x) = x^{35}$ ☐ $h(x) = x^{67}$

Zusatzaufgabe: Begründen Sie Ihre Entscheidung.

6 Die Punkte A, B und C liegen auf Graphen von Funktionen.
Geben Sie, wenn möglich, drei Gleichungen von passenden Potenzfunktionen mit natürlichen Exponenten an.

a) $A(0|0)$; $B(1|1)$; $C(-1|1)$ _____

b) $A(0|0)$; $B(1|0)$; $C(-1|0)$ _____

c) $A(0|0)$; $B(1|1)$; $C(-1|-1)$ _____

Weiterführende Aufgaben

7 Ein Funktionsplotter gibt als Graphen die nebenstehende Zeichnung aus.

a) Kreuzen Sie alle infrage kommenden Funktionsgleichungen an.

☐ $f(x) = 200x$ ☐ $f(x) = 200x^2$ ☐ $f(x) = x + 200$
☐ $f(x) = x^{200}$ ☐ $f(x) = x^{-200}$ ☐ $f(x) = x^{201}$

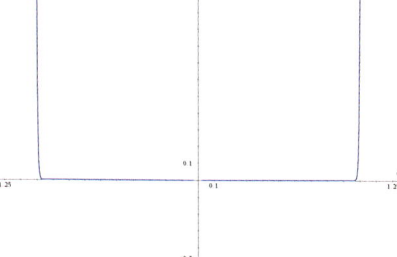

b) Anna sagt: „Der Graph dieser Funktion liegt im Intervall $-1 < x < 1$ fast vollständig auf der x-Achse und verläuft an den Stellen $x = -1$ und $x = 1$ senkrecht nach oben." Was meinen Sie dazu?

_____

_____

_____

_____

8 Aus gleichem Material werden in unterschiedlichen Größen Kugeln und Würfel hergestellt. Die Körper bestehen durch und durch daraus.

a) Veranschaulichen Sie die Zusammenhänge von Durchmesser und Volumen sowie Kantenlänge und Volumen im Koordinatensystem.

b) Das Volumen eines Würfels mit der Kantenlänge x wird verglichen mit dem Volumen einer Kugel mit dem Durchmesser x. Geben Sie die Veränderung des Unterschieds der Volumina für größer werdende Kantenlängen x und Durchmesser x an.

_____

_____

_____

_____

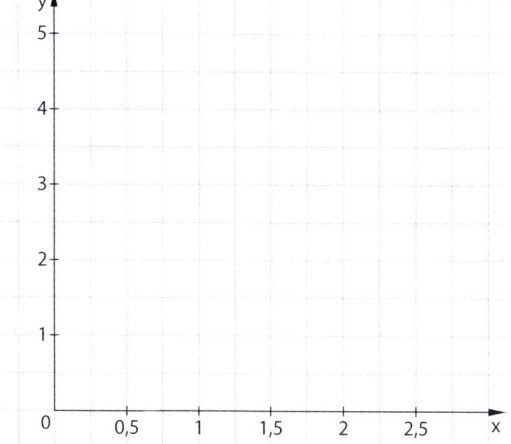

Basisaufgaben

1 Potenzfunktionen mit negativen, ganzzahligen, geraden
Exponenten: Wertetabelle und Graph.

a) Vervollständigen Sie die Wertetabelle für die gegebenen
x-Werte.

Beschriften Sie die Graphen.

	–2	–1	0	1	2
$f(x) = x^{-2}$					
$g(x) = x^{-4}$					
$h(x) = x^{-6}$					

b) Skizzieren Sie den Graphen von $h(x) = x^{-6}$ im Koordinatensystem.

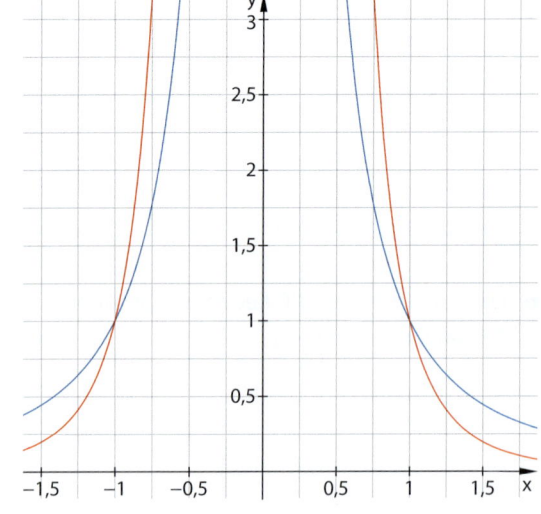

2 Potenzfunktionen mit negativen, ganzzahligen, ungeraden
Exponenten: Wertetabelle und Graph.

a) Vervollständigen Sie die Wertetabelle für die gegebenen x-Werte.
Beschriften Sie die Graphen.

	–2	–1	0	1	2
$f(x) = x^{-3}$					
$g(x) = x^{-5}$					
$h(x) = x^{-7}$					

b) Skizzieren Sie den Graphen von $h(x) = x^{-7}$ im Koordinatensystem.

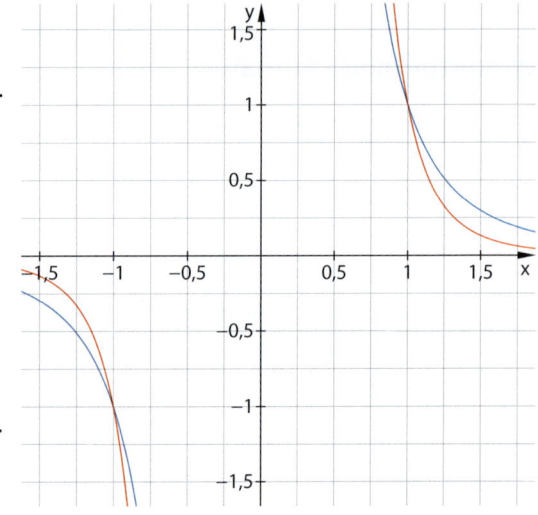

3 Potenzfunktionen mit negativen, ganzzahligen Exponenten: Kreuzen Sie Zutreffendes an.

Definitionsbereich $D = \mathbb{R}^{\neq 0}$ ☐ $f(x) = x^{-777}$ ☐ $g(x) = x^{-888}$ ☐ $h(x) = x^{-999}$

Wertebereich $W = \mathbb{R}^{>0}$ ☐ $f(x) = x^{-22}$ ☐ $g(x) = x^{-33}$ ☐ $h(x) = x^{-77}$

Der Graph der Funktion ist punktsymmetrisch.   ☐ $f(x) = x^{-111}$ ☐ $g(x) = x^{-444}$ ☐ $h(x) = x^{-555}$

Für $x \to 0$ (von links) gilt $f(x) \to \infty$.   ☐ $f(x) = x^{-12}$ ☐ $g(x) = x^{-35}$ ☐ $h(x) = x^{-67}$

Zusatzaufgabe: Begründen Sie Ihre Entscheidung.

4 Weisen Sie rechnerisch die Achsensymmetrie zur y-Achse oder die Punktsymmetrie zum Ursprung nach.

a) $f(x) = x^{-10}$ $f(-x) =$ _____

b) $f(x) = x^{-15}$ $f(-x) =$ _____

c) $f(x) = 3x^{-2}$ $f(-x) =$ _____

d) $f(x) = 2x^{-4} + 7$ $f(-x) =$ _____

e) $f(x) = 2x^{-5} + x^{-3}$ $f(-x) =$ _____

Weiterführende Aufgaben

5 Skizzieren Sie je einen passenden Graphen.

$f(x) = x^k$ k ist eine gerade, natürliche Zahl (k ≠ 0).	$f(x) = x^k$ k ist eine ungerade, natürliche Zahl (k ≠ 0).	$f(x) = x^k$ k ist eine gerade, negative, ganze Zahl (k ≠ 0).	$f(x) = x^k$ k ist eine ungerade, negative, ganze Zahl (k ≠ 0).

6 Der Graph einer Funktion mit der Gleichung $f(x) = x^n$ mit (n ∈ ℤ) ist gegeben.
Ergänzen Sie zu wahren Aussagen.

Er verläuft durch den Punkt P(1| ____). Falls n ≠ 0 (n ∈ ℕ), verläuft der Graph durch den Punkt (____ |0).

Ist n eine gerade Zahl, dann verläuft der Graph _____ zur y-Achse und durch Q(–1| ____).

Ist n eine ungerade Zahl, dann verläuft er _____ zum _____ und

durch Q(–1| ____).

Ist der Exponent eine negative Zahl, dann sind die x-Achse und die y-Achse _____

7 Ergänzen Sie zuerst die Wertetabelle.
Skizzieren Sie danach die Graphen.

			0		
$f_1(x) = x^3$	8			–0,125	
$f_2(x) = x^{-1}$		–1			
$f_3(x) = x^2$				0,25	

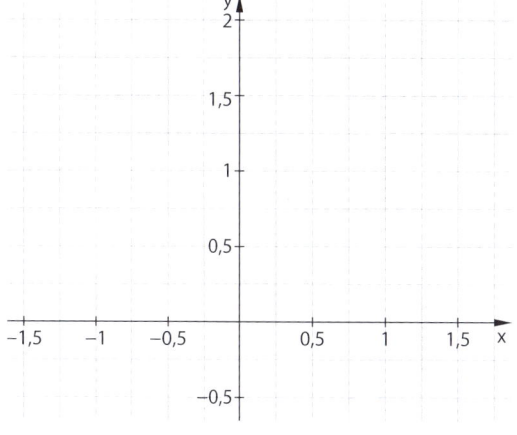

8 Punkte auf Graphen von Potenzfunktionen f mit $f(x) = x^z$ und z ∈ ℤ

a) Ordnen Sie die Punkte allen Funktionen zu, auf deren Graph sie liegen.

① $f(x) = x^{-3}$ _____

② $f(x) = x^2$ _____

③ $f(x) = x^{-1}$ _____

④ $f(x) = x^3$ _____

⑤ $f(x) = x^{-2}$ _____

$A(0|0)$

$D(-0,5|-8)$

$E(\sqrt{2}|\frac{\sqrt{2}}{2})$

$F(-1|1)$

$B(\frac{1}{3}|3)$

$K(\sqrt{2}|\frac{1}{2})$

$C(-2|\frac{1}{4})$

$G(\frac{1}{2}|\frac{1}{32})$

$H(-1|-1)$

b) Einer der Punkte lässt sich keiner der gegebenen Funktionen zuordnen.
Geben Sie eine Gleichung derjenigen Potenzfunktion an, auf deren Graph dieser Punkt liegt.

_____

Basisaufgaben

1 Verschieben in x-Richtung: Graph, Funktionsgleichung und Wertetabelle

Hilfe: hervor. Wenn $c > 0$ ist, dann wird nach rechts verschoben. Wenn $c < 0$ ist, dann wird nach links verschoben.
Der Graph g mit $g(x) = f(x - c)$ geht aus dem Graphen f durch Verschieben um c-Einheiten in x-Richtung

a) Beschriften Sie die Graphen.

Skizzieren Sie beide fehlenden Graphen.

$f(x) = x^4$ $\qquad$ $g(x) = (x + 2)^4$ $\qquad$ $h(x) = (x + 3)^4$

$i(x) = x^5$ $\qquad$ $j(x) = (x - 1)^5$ $\qquad$ $k(x) = (x - 2{,}5)^5$

b) Vervollständigen Sie die Tabelle.

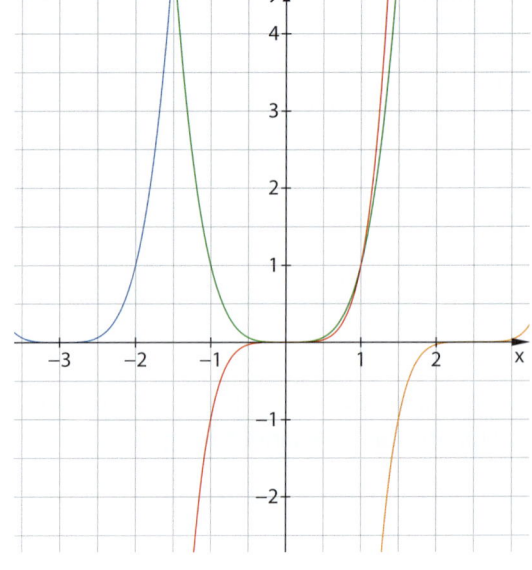

	x = −3	x = −1	x = 0	x = 1	x = 4
$l(x) = x^3$					
$m(x) = ($ $)^3$	−1000				−27
$n(x) = ($ $)^3$	64				1331

Zusatzaufgabe: Zeichnen Sie die Graphen mit einem GTR.

2 Verschieben in y-Richtung: Graph, Funktionsgleichung und Wertetabelle

Hilfe: hervor. Wenn $d > 0$ ist, dann wird nach oben verschoben. Wenn $d < 0$ ist, dann wird nach unten verschoben.
Der Graph g mit $g(x) = f(x) + d$ geht aus dem Graphen f durch Verschieben um d-Einheiten in y-Richtung

a) Beschriften Sie die Graphen.

Skizzieren Sie beide fehlenden Graphen.

$f(x) = x^6$ $\qquad$ $g(x) = x^6 + 1$ $\qquad$ $h(x) = x^6 - 2$

$i(x) = x^7$ $\qquad$ $j(x) = x^7 - 1$ $\qquad$ $k(x) = = x^7 - 3$

b) Vervollständigen Sie die Tabelle nur mithilfe der Vorgaben.

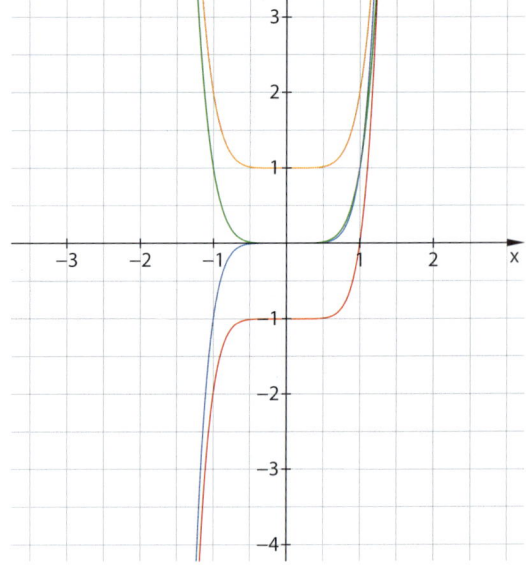

	x = −5	x = −1	x = 0	x = 1	x = 5
$l(x) = x^{-2}$	0,04	1	−		
$m(x) = x^{-2} - 10$	−9,96				
$n(x) = x^{-2} +$	5,04	6			5,04

Zusatzaufgabe: Zeichnen Sie die Graphen mit einem GTR.

3 Geben Sie die Funktionsgleichung des entstandenen Graphen an.

Hilfe: Den Graphen von $g(x) = x^2$ nennt man Normalparabel.

a) Die Normalparabel wird 11 Einheiten nach unten verschoben. $\qquad$ $f(x) =$ _____

b) Die Normalparabel wird 13 Einheiten nach links verschoben. $\qquad$ $f(x) =$ _____

c) Die Normalparabel wird 7 Einheiten nach links und 9 Einheiten nach oben verschoben. $\qquad$ $f(x) =$ _____

d) Die Normalparabel wird 17 Einheiten nach oben und 3 Einheiten nach rechts verschoben. $\qquad$ $f(x) =$ _____

4 Strecken und Stauchen in y-Richtung: Graph, Funktionsgleichung und Wertetabelle

Hilfe: Der Graph g mit $g(x) = a \cdot f(x)$ geht aus dem Graphen f durch Strecken bzw. Stauchen mit dem Streckfaktor a $(a \neq 0)$ in y-Richtung hervor. Wenn $|a| > 1$ ist, dann wird gestreckt. Wenn $|a| < 1$ ist, dann wird gestaucht.

(Die Hilfe ist auf dem Kopf gedruckt)

a) Beschriften Sie die Graphen.
   Skizzieren Sie beide fehlenden Graphen.

   $f(x) = x^{-6}$ $\qquad$ $g(x) = 2x^{-6}$ $\qquad$ $h(x) = 0{,}2x^{-6}$

   $i(x) = x^{8}$ $\qquad\quad$ $j(x) = 2x^{8}$ $\qquad\quad$ $k(x) = 0{,}2x^{8}$

b) Vervollständigen Sie die Tabelle nur mithilfe der Vorgaben.

	x = −1,3	x = −1	x = 0	x = 1	x = 1,3
$l(x) = x^{-5}$	−0,269	−1	–	1	0,269
$m(x) = 10x^{-5}$					
$n(x) = 0{,}1x^{-5}$					

Zusatzaufgabe: Zeichnen Sie die Graphen mit einem GTR.

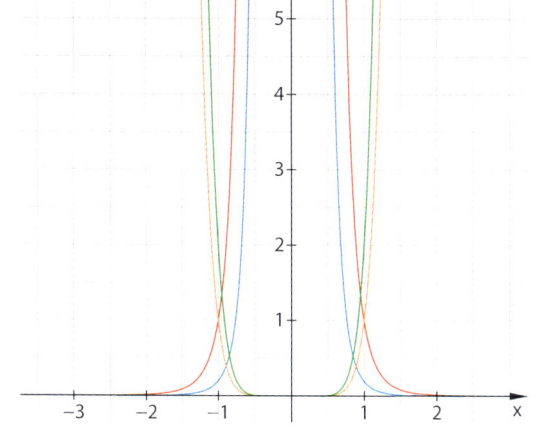

5 Spiegeln an der x-Achse: Graph, Funktionsgleichung und Wertetabelle

Hilfe: Der Graph g mit $g(x) = -f(x)$ geht aus dem Graphen f durch Spiegeln an der x-Achse hervor.

(Die Hilfe ist auf dem Kopf gedruckt)

a) Beschriften Sie die Graphen.
   Skizzieren Sie beide fehlenden Graphen.

   $f(x) = x^{3}$ $\qquad\quad$ $g(x) = x^{-3}$ $\qquad\quad$ $h(x) = x^{-6}$

   $i(x) = -x^{3}$ $\qquad\quad$ $j(x) = -x^{-3}$ $\qquad\quad$ $k(x) = -x^{-6}$

b) Vervollständigen Sie die Tabelle nur mithilfe der Vorgaben.

	x = −2	x = −1	x = 0	x = 1	x = 2
$l(x) = x^{4}$	16	1	0		
$m(x) =$	−16	−1			
$n(x) = x^{-4}$					

Zusatzaufgabe: Zeichnen Sie die Graphen mit einem GTR.

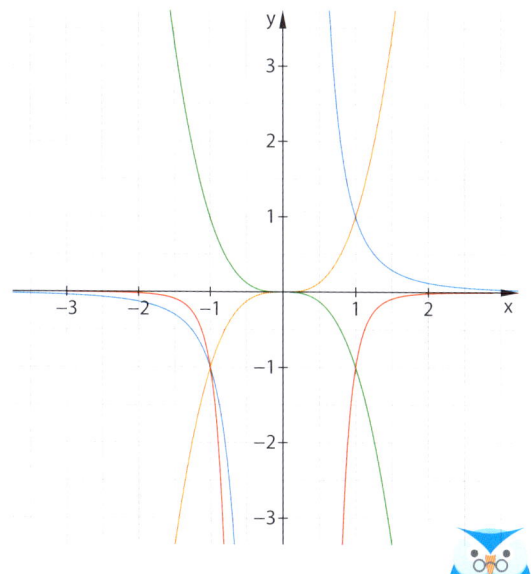

6 Der Graph f der Funktion $f(x) = -(x-2)^{3} - 1$ ging aus dem
Graphen g von $g(x) = x^{3}$ hervor.
Geben Sie die Veränderungen an.

_____

_____

_____

_____

_____

_____

_____

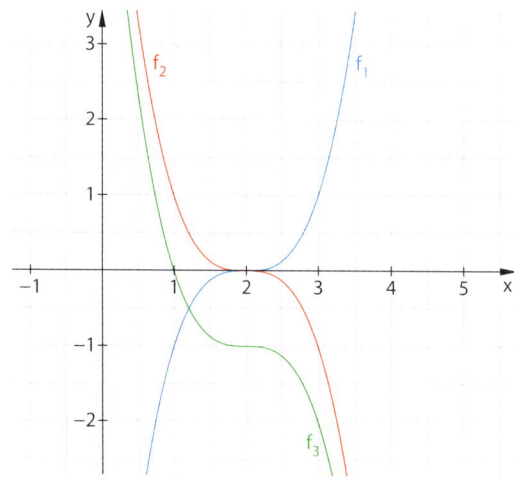

7 Strecken und Stauchen in x-Richtung: Graph, Funktionsgleichung und Wertetabelle

Hilfe: Der Graph g mit $g(x) = f(b \cdot x)$ mit $b \neq 0$ geht aus dem Graphen f durch Strecken bzw. Stauchen mit dem Streckfaktor $\frac{1}{b}$ in x-Richtung hervor. Wenn $|b| > 1$ ist, dann wird gestaucht. Wenn $|b| < 1$ ist, dann wird gestreckt. Ist $b < 0$, wird der Graph zusätzlich an der y-Achse gespiegelt.

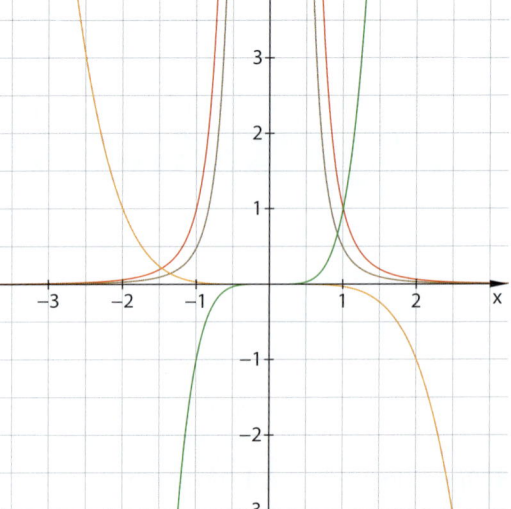

a) Beschriften Sie die Graphen.
   Skizzieren Sie beide fehlenden Graphen.

   $f(x) = x^5$ $\qquad$ $g(x) = (0,5x)^5$ $\qquad$ $h(x) = (-0,5x)^5$

   $i(x) = x^{-4}$ $\qquad$ $j(x) = (0,5x)^{-4}$ $\qquad$ $k(x) = (-1,2x)^{-4}$

b) Vervollständigen Sie die Tabelle nur mithilfe der Vorgaben.

	$x = -5$	$x = -1$	$x = 0$	$x = 1$	$x = 5$
$l(x) = 2x^{-4}$	0,0032	2			
$m(x) = \cdot x^{-4}$	0,0128	8			
$n(x) = -4x^{-4} - 1$					

Zusatzaufgabe: Zeichnen Sie die Graphen mit einem GTR.

8 Spiegeln an der y-Achse: Graph, Funktionsgleichung und Wertetabelle

Hilfe: Der Graph g mit $g(x) = f(-x)$ geht aus dem Graphen von f durch Spiegelung an der y-Achse hervor.

a) Beschriften Sie die Graphen.
   Geben Sie die Funktionsgleichungen zu den gespiegelten Graphen an.

   $f(x) = x^2 + 2x + 1 = (x + 1)^2$ $\quad$ $g(x) = (-x)^2$ _____

   $h(x) = x^3 + 1$ $\qquad\qquad$ $i(x) =$ _____

   $j(x) = 0,5x^4 - 2x$ $\qquad\qquad$ $k(x) =$ _____

b) Vervollständigen Sie die Tabelle zu gespiegelten Graphen.

	$x = -3$	$x = -1$	$x = 0$	$x = 1$	$x = 3$
$l(x) = (x + 1)^{-4}$	0,0625	–	1	0,0625	0,0039
$m(x) =$		0,0625	1		0,0625

Zusatzaufgabe: Zeichnen Sie die Graphen mit einem GTR.

9 Der Graph der Funktion $g(x) = a \cdot (x - d)^n + e$ geht aus dem Graphen von $f(x) = x^n$ durch Transformationen hervor. Markieren Sie zusammengehörige Karten mit der gleichen Farbe.

Streckung in y-Richtung	Stauchung in y-Richtung	Spiegelung an der x-Achse

Verschiebung in negative x-Richtung	Verschiebung in positive x-Richtung

Verschiebung in negative y-Richtung	Verschiebung in positive y-Richtung

$|a| > 1$	$a = -1$	$d > 0$	$|a| < 1$	$n > 0$	$e < 0$	$d < 0$	$e > 0$

Weiterführende Aufgaben

10 Entwickeln Sie schrittweise aus dem Graphen der Funktion $f(x) = x^{-1}$ den Graphen von $i(x) = -(x+1)^{-1} - 2$.

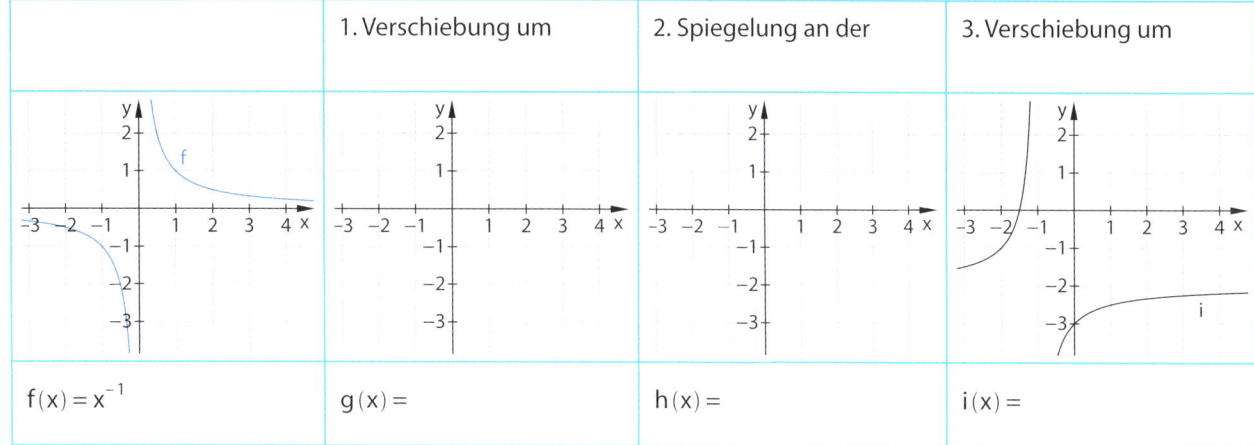

	1. Verschiebung um	2. Spiegelung an der	3. Verschiebung um
$f(x) = x^{-1}$	$g(x) =$	$h(x) =$	$i(x) =$

Zusatzaufgabe: Zeichnen Sie die Asymptoten ein.

11 Die Graphen der Funktionen $h(x)$ und $k(x)$ sind entstanden aus den Graphen von $f_1(x) = x^3$ bzw. $f_2(x) = x^{-2}$.
Geben Sie jeweils eine Gleichung für h, k und die Asymptoten von h an.

$h(x) =$ _____

$k(x) =$ _____

Asymptoten von h: _____

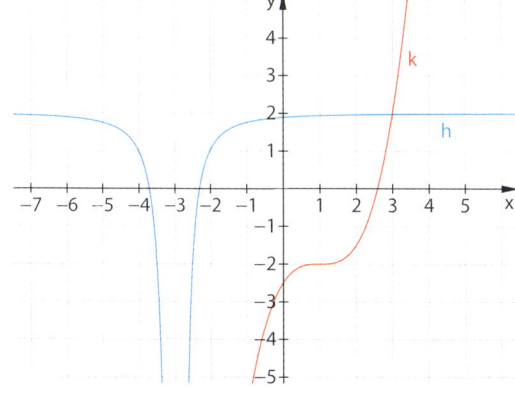

12 Geben Sie die jeweils passende Funktionsgleichung an.

Der Graph der Funktion $f(x) = x^{-1}$ wird nacheinander:

verschoben um 4 Einheiten in positiver x-Richtung $g(x) =$ _____

gespiegelt an der x-Achse $h(x) =$ _____

gestreckt mit dem Faktor 2 $i(x) =$ _____

verschoben um eine Einheit in positiver y-Richtung $j(x) =$ _____

13 Graphen wurden an $f(x) = x$ für $x \geq 0$ gespiegelt.
Beschriften Sie die Graphen g, h, k und l.
Geben Sie, wenn möglich, die fehlende Koordinate an.

$g(x) = x^{\frac{1}{2}}$ $A(1|\underline{\quad})$ $B(36|\underline{\quad})$

$h(x) = x^{\frac{1}{3}}$ $H(1|\underline{\quad})$ $I(27|\underline{\quad})$

$k(x) = x^{\frac{1}{4}}$ $J(1|\underline{\quad})$ $K(16|\underline{\quad})$

$l(x) = x^{\frac{1}{5}}$ $L(1|\underline{\quad})$ $M(32|\underline{\quad})$

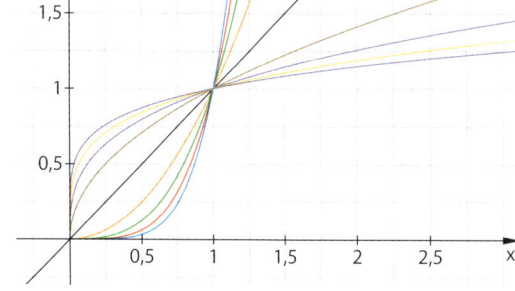

Basisaufgaben

1 Funktionsgleichungen zu Graphen: Kreuzen Sie alle passenden Funktionsgleichungen an.

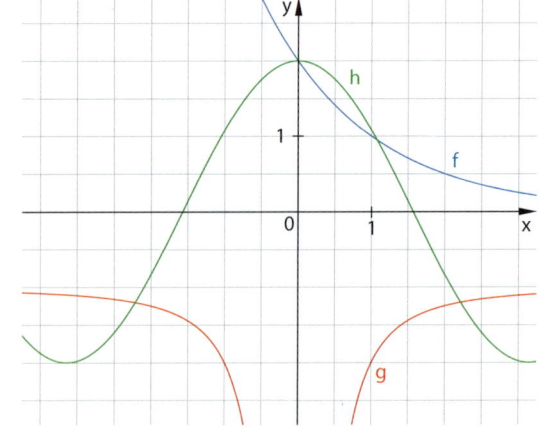

☐ $f(x) = (x + 2)^{-1}$

☐ $f(x) = \dfrac{2}{2^x}$

☐ $f(x) = 2^{1-x}$

☐ $f(x) = 2^{x-1}$

☐ $g(x) = -x^{-2} - 1$

☐ $g(x) = -(x - 1)^{-2}$

☐ $g(x) = -1 + \dfrac{1}{x^2}$

☐ $g(x) = 1 - x^2$

☐ $h(x) = 2 \cdot \cos(x)$

☐ $h(x) = 2 \cdot \cos(x + 2\pi)$

☐ $h(x) = 2 \cdot \sin\left(x + \dfrac{\pi}{2}\right)$

☐ $h(x) = -x^2 + (-x)^2 + (-x^2)$

Zusatzaufgabe: Geben Sie den zum Graphen passenden Funktionstypen an.

2 Funktionsgleichungen zu Wertetabellen: Geben Sie je drei verschiedenartige passende Funktionsgleichungen an.

a)

x	−1	0	1
y	1	0	1

b)

x	−1	0	1
y	−1	0	1

c)

x	−1	0	1
y	−1	0	−1

d)

x	−1	0	1
y	1	0	−1

a) $f(x) =$ _____ $g(x) =$ _____ $h(x) =$ _____

b) $f(x) =$ _____ $g(x) =$ _____ $h(x) =$ _____

c) $f(x) =$ _____ $g(x) =$ _____ $h(x) =$ _____

d) $f(x) =$ _____ $g(x) =$ _____ $h(x) =$ _____

Zusatzaufgabe: Geben Sie möglichst viele Funktionsgleichungen an. Überprüfen Sie Ihre Ergebnisse mit einem GTR.

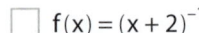

3 Geben Sie eine Funktionsgleichung an, die zur Wertetabelle passt.

Exponenten:	−3; 0,5; 1; 4; 5
Streckfaktoren:	−1; 0,5; 1; 10
Verschiebungen:	−1; 1; 10

a)

x	−2	−1	0	1	2
y	8	0,5	0	0,5	8

$f(x) =$ _____ $\cdot x$ ——

b)

x	−2	−1	0	1	2
y	−17	−1,5	−1	−0,5	15

$f(x) =$ _____ $\cdot x$ _____

c)

x	−2	−1	0	1	2
y	0,125	1	–	−1	−0,125

$f(x) =$ _____ $\cdot x$ ——

d)

x	0	4	9	16	25
y	0	−2	−3	−4	−5

$f(x) =$ _____ $\cdot x$ ——

e)

x	$-\pi$	$-\frac{1}{2}\pi$	0	$\frac{1}{2}\pi$	π
y	10	9	10	11	10

$f(x) = \sin(x)$ _____

f)

x	-2π	$-\pi$	0	π	2π
y	10	−10	10	−10	10

$f(x) =$ _____ $\cdot \cos$ _____

Zusatzaufgabe: Überprüfen Sie Ihre Ergebnisse mit einem GTR.

4 Parametereinfluss: Es wird je eine Transformation nach der anderen ausgeführt. Ergänzen Sie die Tabelle.

Abkürzungen der Transformationen:

	Sx: Spiegeln an der x-Achse	Sy: Spiegeln an der y-Achse
Vx: Verschiebung in x-Richtung	SKx: Streckung in x-Richtung	SKy: Streckung in y-Richtung
Vy: Verschiebung in y-Richtung	SHx: Stauchung in x-Richtung	SHy: Stauchung in y-Richtung

alte Funktionsgleichung	Transformation	neue Funktionsgleichung
$f(x) = x^2$		$f_1(x) = -2 \cdot x^2$
$g(x) = x - 1$	Vx um 2 Einheiten in positiver Richtung; SHx um den Faktor 0,5	$g_1(x) =$
$h(x) = 2x$		$h_1(x) = 2^{1+x}$
$k(x) = \sin x$	SKx (Verdopplung der Periode)	$k_1(x) =$
$m(x) = x^5$		$m_1(x) = -(x^5 + 2)$

Weiterführende Aufgaben

5 Drei Sachverhalte werden durch Messwerte beschrieben.

①

Zeit in s	0	1	2	3	4
Füllhöhe in dm	1,0	4,5	8,0	11,5	15,0

$f_1(x) =$ _____

②

Zeit in d	0	1	2	3	4
Masse Bakterien in mg	10,00	18,00	32,40	58,32	104,98

$f_2(x) =$ _____

③

Zeit in s	0	1	2	3	4
Fallweg in m	0	5	20	45	80

$f_3(x) =$ _____

a) Ergänzen Sie die passende Nummer. Begründen Sie Ihre Entscheidung.

Lineares Wachstum liegt vor bei _____

_____

Exponentielles Wachstum liegt vor bei _____

_____

Quadratisches Wachstum liegt vor bei _____

_____

b) Geben Sie für jeden Sachverhalt hinter der Tabelle eine passende Funktionsgleichung an.

6 Ermitteln Sie eine Funktionsgleichung der Form $f(x) = a \cdot \sin(b \cdot (x - c)) + d$ mit $f(0) = 1$ und $1 \leq y \leq 3$.

$1 \leq y \leq 3$ ist der Wertebereich, somit gilt: $d =$ _____ und $|a| =$ _____

$f(0) = 1$, d. h., $1 =$ _____

_____

1 Kreuzen Sie die Funktionen an, auf die es zutrifft.

a) Potenzfunktionen sind … ☐ $f(x) = x^{0,25}$ ☐ $g(x) = x^{25}$ ☐ $h(x) = \sin(x)$ ☐ $k(x) = (x+2)^{-5}$

b) Der Graph ist symmetrisch zur y-Achse. ☐ $f(x) = x^4$ ☐ $g(x) = x^3 - 1$ ☐ $h(x) = x^{-1}$ ☐ $k(x) = 2x^{-2}$

c) Der Graph ist symmetrisch zum Ursprung. ☐ $f(x) = x^4$ ☐ $g(x) = x^3$ ☐ $h(x) = x^{-1}$ ☐ $k(x) = 2x^{-2}$

d) Für $x \to \infty$ geht $y \to \infty$. ☐ $f(x) = -x^6$ ☐ $g(x) = x^{15}$ ☐ $h(x) = x^{-3}$ ☐ $k(x) = 0,5x^{-2}$

e) Für $x \to \infty$ geht $y \to -\infty$. ☐ $f(x) = -x^6$ ☐ $g(x) = x^{15}$ ☐ $h(x) = x^{-3}$ ☐ $k(x) = 0,5x^{-2}$

f) Für $x \to \infty$ geht $y \to 0$ (von oben). ☐ $f(x) = -x^6$ ☐ $g(x) = x^{15}$ ☐ $h(x) = x^{-3}$ ☐ $k(x) = 0,5x^{-2}$

g) Für $x \to -\infty$ geht $y \to \infty$. ☐ $f(x) = -x^6$ ☐ $g(x) = x^{15}$ ☐ $h(x) = x^{-3}$ ☐ $k(x) = 0,5x^{-2}$

h) Für $x \to -\infty$ geht $y \to -\infty$. ☐ $f(x) = -x^6$ ☐ $g(x) = x^{15}$ ☐ $h(x) = x^{-3}$ ☐ $k(x) = 0,5x^{-2}$

i) Für $x \to -\infty$ geht $y \to 0$ (von unten). ☐ $f(x) = -x^6$ ☐ $g(x) = x^{15}$ ☐ $h(x) = x^{-3}$ ☐ $k(x) = 0,5x^{-2}$

2 Kreuzen Sie die wahren Aussagen an.

☐ Jede Potenzfunktion $f(x) = x^n$ mit ungeradem natürlichem Exponenten ist streng monoton steigend.

☐ Jede Potenzfunktion $f(x) = x^n$ mit geradem natürlichem Exponenten hat im Ursprung den kleinsten Funktionswert.

☐ Die Funktionswerte jeder Potenzfunktion $f(x) = x^n$ mit negativem ganzzahligem Exponenten gehen für $x \to \infty$ gegen null.

☐ Jede Potenzfunktion $f(x) = x^n$ mit ungeradem ganzzahligem Exponenten ist punktsymmetrisch zum Ursprung.

☐ Alle quadratischen Funktionen sind auch Potenzfunktionen.

☐ Wurzelfunktionen sind spezielle Potenzfunktionen.

3 Ordnen Sie den Graphen der Funktionen zugehörige Punkte zu. Markieren Sie zusammengehörende Karten mit der gleichen Farbe. Eine Karte bleibt übrig. Ein Punkt wird mehrmals zugeordnet.

| $f(x) = 0,5x^2$ | $g(x) = (x-1)^{-1}$ | $h(x) = 3x^{-4}$ | $k(x) = 0,5x^{-5}$ | $i(x) = 2(x-1)^3 + 4$ |

$A(0|0)$ $B(3|0,5)$ $C(-1|3)$ $D(0|-1)$ $E(2|1)$

$F(0|2)$ $G(-1|-0,5)$ $H(-1|1)$ $I(-1|-12)$ $J(2|2)$

4 Kreuzen Sie an, welche Auswirkungen die Parameter a, b, und c der Funktion $g(x) = a \cdot f(x+b) + c$ auf den Graphen der Funktion $g(x)$ haben.

	$|a| > 1$	$|a| < 1$	$a = -1$	$b > 0$	$b < 0$	$c > 0$	$c < 0$
Verschiebung in positive y-Richtung							
Verschiebung in positive x-Richtung							
Spiegelung an der x-Achse							
Streckung in y-Richtung							
Stauchung in y-Richtung							
Verschiebung in negative y-Richtung							
Verschiebung in negative x-Richtung							

5 Gegeben ist die Funktion f. Beschriften Sie den passenden Graphen.
Geben Sie für die restlichen Graphen die Funktionsgleichungen an.

a)

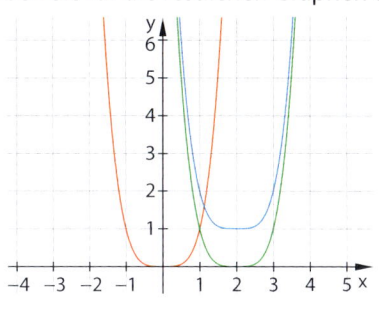

$f(x) = x^4$

$g(x) = $ _____

$h(x) = $ _____

b)

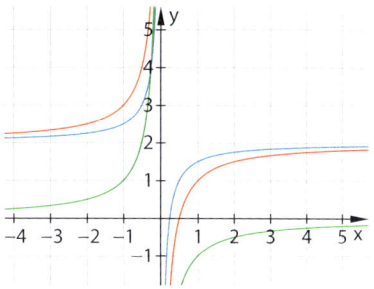

$f(x) = -x^{-1}$

$g(x) = $ _____

$h(x) = $ _____

c)

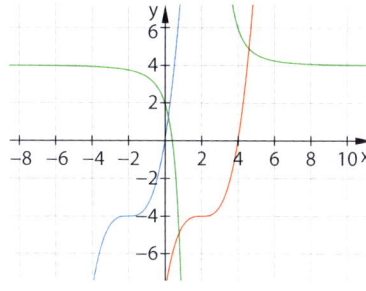

$f(x) = \frac{1}{2}(x-2)^3 - 4$

$g(x) = $ _____

$h(x) = $ _____

6 Familie Winter betrachtet im Internet die Einfahrt ihres zukünftigen Zuhauses.
Die Form des Tors kann durch die Funktion $f(x) = -0{,}2x^4 + 4$ beschrieben
werden.
Die Umzugsfirma kommt mit einem Lkw, der 3,40 m hoch und 2,49 m breit ist.

a) Skizzieren Sie den Graphen von $f(x) = -0{,}2x^4 + 4$ im Koordinatensystem.

b) Passt der Lkw durch das Tor? Begründen Sie Ihre Entscheidung mithilfe
einer Rechnung.

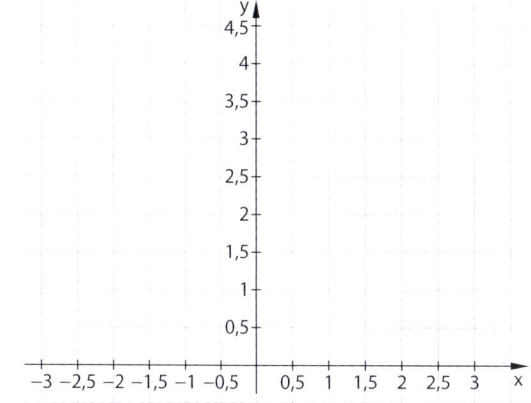

7 Im Gleichstromkreis ist die Stromstärke I bei konstanter
Spannung U vom Widerstand R abhängig: $I(R) = \frac{U}{R}$.
Das Diagramm zeigt den Zusammenhang für $U = 230$ V.

a) Vervollständigen Sie die Aussage mithilfe der Potenzfunktion.
Wenn der Widerstand sehr groß wird, dann wird die Stromstärke

_____

b) Die Spannung beträgt 230 Volt.
Ergänzen Sie die fehlenden Werte.

Stromstärke	Widerstand
10 Ampere	
	100 Ohm

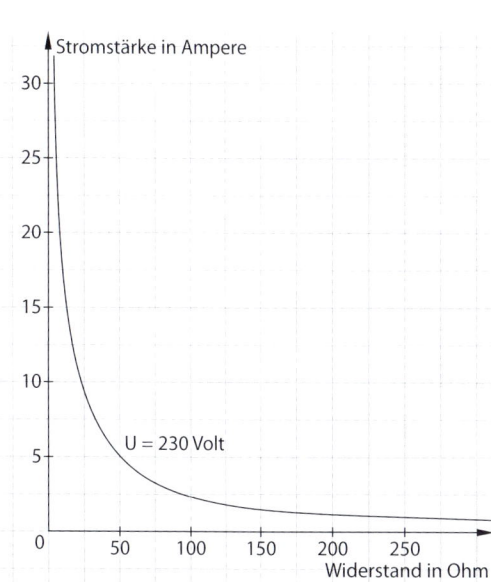

Basisaufgaben

1 Grad ganzrationaler Funktionen und Punkte:

Funktion	Grad	Punkte
$f_1(x) = x^3 - 2x^2 + 1$	3	E; F
$f_2(x) = 4x \cdot (x - x^2)$		
$f_3(x) = -2$		
$f_4(x) = 1,5 + x$		
$f_5(x) = (x + 1) \cdot (x - 1)$		

$H\left(-1\,\middle|\,\frac{1}{2}\right)$ $A(0\,|-1)$ $G\left(\frac{1}{2}\,\middle|\,\frac{1}{16}\right)$

$K(1000\,|-2)$ $B(3\,|\,8)$ $E(\sqrt{2}\,|\,2\sqrt{2} - 3)$

$C(-2\,|-2)$ $F(1\,|\,0)$ $D(-0,5\,|\,1,5)$

a) Geben Sie den Grad der ganzrationalen Funktion an.

Ordnen Sie die Punkte den Graphen der ganzrationalen Funktionen zu.

Hilfe: ˙6Z = Ɛ – ZƐ = Ɛ – ₅Z uuǝp 'Ɛ– ₅x = (x) ɟuɐ ʇɥбǝıʃ (6Z|Z) d˙uɐ pɐɹб uǝp ʇqıб ʇuǝuodxǝ ǝʇsɥɔ̈ɥ ɹǝp

b) Einer der Punkte lässt sich keinem der Graphen der gegebenen Funktionen zuordnen.

Geben Sie eine Gleichung einer ganzrationalen Funktion an,

auf deren Graph dieser Punkt liegt.

_____

c) Ermitteln Sie die fehlenden Koordinaten der Punkte auf dem Graphen von $f_1(x) = x^3 - 2x^2 + 1$.

$P(-1\,|\ \underline{\quad})$ $Q(10\,|\ \underline{\quad})$ $R(\underline{\quad}\,|\,10)$ $S_1(\ \underline{\quad}\,|\,1)$ und $S_2(\ \underline{\quad}\,|\,1)$

2 **Koeffizienten ganzrationaler Funktionen:** Die Koeffizienten sind die Faktoren bei den Potenzen.

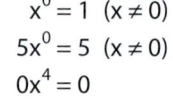

$x^0 = 1 \ (x \neq 0)$
$5x^0 = 5 \ (x \neq 0)$
$0x^4 = 0$

a) Markieren Sie, soweit möglich, die Koeffizienten der ganzrationalen Funktion.

Geben Sie den häufigsten Koeffizienten an.

$f(x) = x^7 + 0,2x^6 + x^5 \cdot 6 - 7x^4 - x - 1$ Der häufigste Koeffizient ist _____

b) Die Gleichung $f(x) = 2x^4 + 3x^3 + 2x^2 + 2x + 3$ ist ein Beispiel für eine ganzrationale Funktion vierten Grades, in der ausschließlich die Koeffizienten 2 oder 3 vorkommen. Notieren Sie drei Gleichungen von ganzrationalen Funktionen vierten Grades, in denen ausschließlich die Koeffizienten 1 oder 5 vorkommen.

_____

Zusatzaufgabe: Wie viele derartige Funktionen gibt es?

c) Geben Sie den Grad und die Koeffizienten von $f(x) = (x^3 - x^2) \cdot (x + 5)$ an.

_____

3 **Graphen und Funktionsgleichungen:** Beschriften Sie die Graphen, ohne ein digitales Hilfsmittel zu nutzen.

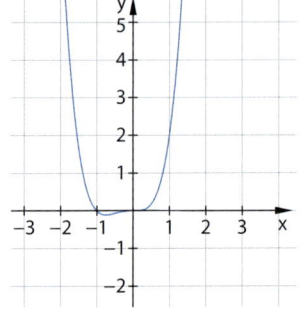
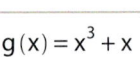
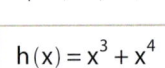
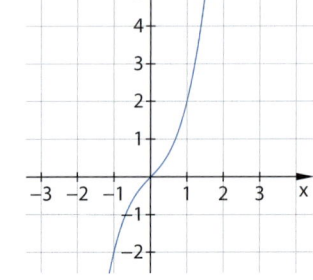
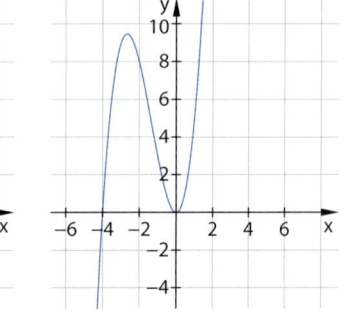

$f(x) = x^3 + x^2$ $g(x) = x^3 + x$ $h(x) = x^3 + x^4$ $i(x) = x^3 + 4x^2$ $k(x) = -x^3 + x^2$ $l(x) = -x^4 + x^3 + 3$

Zusatzaufgabe: Zwei Funktionsgleichungen bleiben übrig. Skizzieren Sie die passenden Graphen.

4 Gegeben sind die Funktionen $f(x) = x^2$ und $g(x) = 2 - x$, beide sind für $x \in \mathbb{R}$ definiert.

$j(x) = f(x) \cdot g(x) = -x^3$ _____

$k(x) = f(x) + g(x) =$ _____

$l(x) = f(x) - g(x) =$ _____

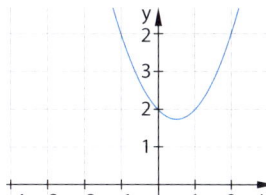 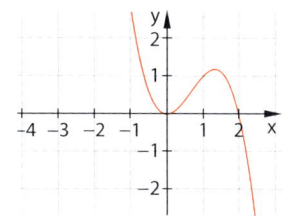 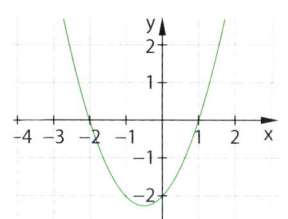

a) Ergänzen Sie die Funktionsterme und ordnen Sie diese den abgebildeten Graphen zu.
Zusatzaufgabe: Begründen Sie eine Ihrer Entscheidungen.

b) Kreuzen Sie die ganzrationalen Funktionen an.

☐ $m(x) = 2 : g(x)$ ☐ $n(x) = 2 \cdot g(x)$ ☐ $o(x) = g(x) : 2$ ☐ $p(x) = g(x)^2$

c) Beschreiben Sie den Einfluss des Parameters a auf die Nullstellen der Funktionen $s_a(x) = f(x) \cdot (a - x)$.

Weiterführende Aufgaben

5 Ein rechteckiges Beet ist 4 m lang und 6 m breit.
Es wird von gleich breiten Wegen umgeben.

a) Beschriften Sie die Zeichnung so, dass der Flächeninhalt des Weges mit
$A(x) = (4 + 2x) \cdot (6 + 2x) - 6 \cdot 4$ berechnet werden kann.

b) Der gesamte Weg und das Beet haben gleich große Flächeninhalte.
Ermitteln Sie die Breite des Weges.

6 Auf dem Graphen einer ganzrationalen Funktion
$f(x) = x^3 + a \cdot x^2 + b \cdot x + c$ liegen die Punkte
$A(0|1)$, $B(1|2)$ und $C(-1|4)$.
Bestimmen Sie die Koeffizienten a, b und c mit einem GTR und geben
Sie die Funktionsgleichung an.

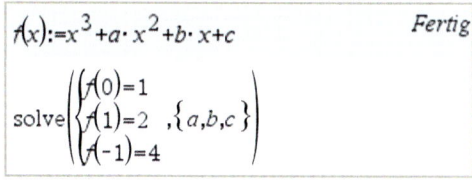

7 Graphen ganzrationaler Funktionen mit den Punkten A, B, C und D

a) Ergänzen Sie mittels GTR passende Koeffizienten.

Funktion 3. Grades: $f(x) =$ ____ x^3 ____ $\cdot x^2$ ____ $\cdot x$ ____

Funktion 4. Grades: $g(x) =$ ____ x^4 ____ $\cdot x^3$ ____ $\cdot x^2$ ____ $\cdot x$ ____

b) Zeichnen Sie die Graphen in das Koordinatensystem ein.

Zusatzaufgabe: Ermitteln Sie Gleichungen ganzrationaler Funktionen
5. Grades, deren Graphen durch die Punkte A, B, C und D verlaufen.

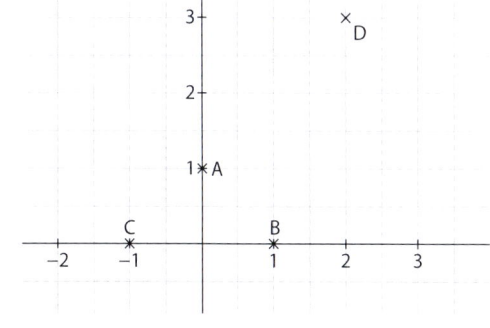

Basisaufgaben

1 Globalverhalten: Ordnen Sie den Funktionen f mithilfe des vermutlichen Globalverhaltens Graphen zu.

Geben Sie je eine Funktion g mit $g(x) = a_n x^n$ an, die das gleiche Globalverhalten wie f hat.

Hilfe: (upside-down text) Der Graph einer ganzrationalen Funktion f mit $f(x) = a_n x^n + a_{n-1} x^{n-1} + \cdots + a_1 x + a_0$ mit $a_n \neq 0$ verhält sich für $x \to +\infty$ und $x \to -\infty$ wie der Graph von g mit $g(x) = a_n x^n$.

| $f(x) = x^3 - 3x - 1$ | $f(x) = 0{,}1x^6 - 0{,}2x - 1$ | $f(x) = -0{,}01x^5 + 0{,}2x^2 - 1$ | $f(x) = x - x^4 - 1$ |

① 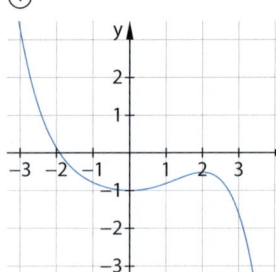 ② 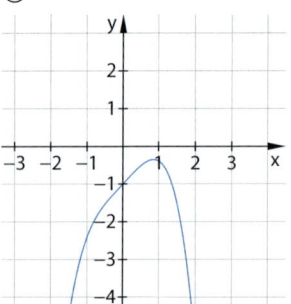 ③ 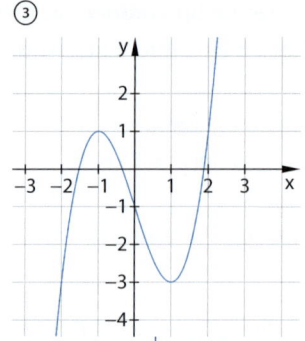 ④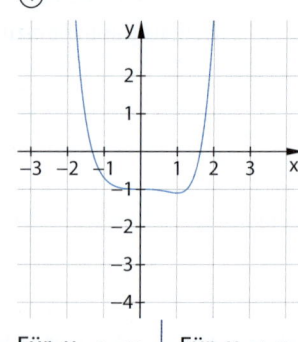

Für $x \to -\infty$ gilt $f(x) \to \infty$.	Für $x \to \infty$ gilt $f(x) \to -\infty$.
Für $x \to -\infty$ gilt $f(x) \to -\infty$.	Für $x \to \infty$ gilt $f(x) \to -\infty$.
Für $x \to -\infty$ gilt $f(x) \to -\infty$.	Für $x \to \infty$ gilt $f(x) \to \infty$.
Für $x \to -\infty$ gilt $f(x) \to \infty$.	Für $x \to \infty$ gilt $f(x) \to \infty$.

f(x) = _____   f(x) = _____   f(x) = _____   f(x) = _____

g(x) = _____   g(x) = _____   g(x) = _____   g(x) = _____

2 Kreuzen Sie Zutreffendes an.

| $f_1(x) = 0{,}5x^3 - 2x^2 - 2$ | $f_2(x) = 2x^4 - 2x^2 + x + 1$ | $f_3(x) = -x^5 + 2x^4 - x$ | $f_4(x) = -0{,}2x^6 + 0{,}1x^5 + 3$ |

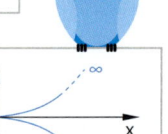

Funktion	Grad n der Funktion		a_n		Verhalten für $x \to \infty$		Verhalten für $x \to -\infty$	
	gerade	ungerade	positiv	negativ	$f(x) \to \infty$	$f(x) \to -\infty$	$f(x) \to \infty$	$f(x) \to -\infty$
f_1								
f_2								
f_3								
f_4								

Zusatzaufgabe: Formulieren Sie zwei Aussagen zum Globalverhalten einer Funktion mit $g(x) = a_n x^n$.

3 Linda betrachtet den Graphen der Funktion $f(x) = -0{,}02x^3 + 0{,}98x^2 + 1{,}04x - 2$. Sie stellt fest:

„Für $x \to +\infty$ und $x \to -\infty$ gehen die Funktionswerte gegen ∞."

Nennen Sie mögliche Fehlerquellen für Lindas Aussage.

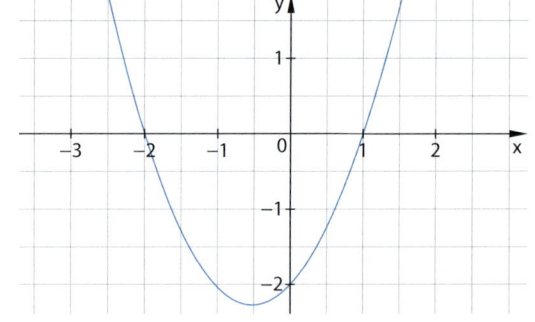

_____

_____

_____

_____

4 Lokale und globale Extrema: Gegeben ist der Graph einer ganzrationalen Funktion f mit D = (−5,5; 8,5).

Hilfe: Der Graph einer Funktion f hat an der Stelle x_E einen Hochpunkt bzw. Tiefpunkt, wenn für alle x in einer Umgebung um x_E gilt: $f(x) \leq f(x_E)$ bzw. $f(x) \geq f(x_E)$. Den Funktionswert $f(x_E)$ nennt man lokales Maximum bzw. lokales Minimum.
Ist f(x) der größte bzw. kleinste Funktionswert im Definitionsbereich von f, so ist f(x) ein globales Maximum bzw. globales Minimum von f.

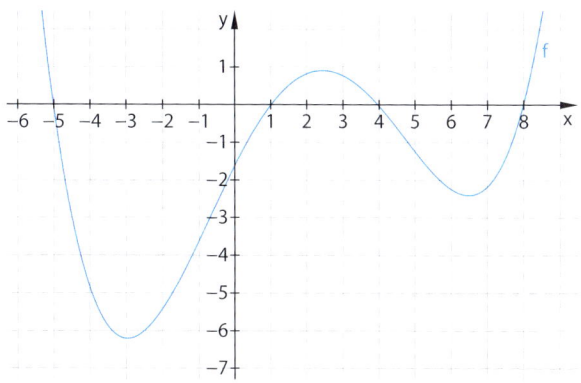

a) Geben Sie näherungsweise die Koordinaten der lokalen Hoch- und Tiefpunkte von f in der Zeichnung an.

b) Ergänzen Sie die Sätze.

_____ ist ein lokales Maximum an der Stelle x = 2,4.

_____ ist ein lokales Minimum und auch −2,4.

_____ ist das globale Minimum an der Stelle x = −3.

c) Färben Sie die Teile, in denen der Graph fällt, und die Teile, in denen er wächst, verschiedenfarbig ein.

Zusatzaufgabe: Beschreiben Sie das Wachstumsverhalten in der Umgebung der Hoch- und Tiefpunkte.

5 Ergänzen Sie zu passenden Graphen ganzrationaler Funktionen im Intervall [0; 4].

a) 3 ist lokales Minimum.
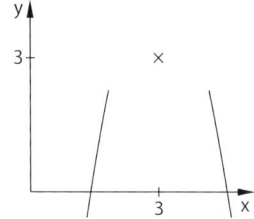

b) 3 ist globales Maximum.
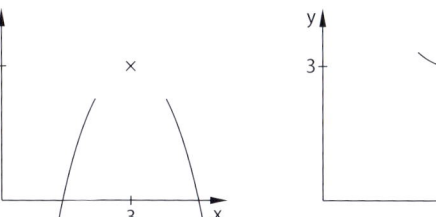

c) 3 ist globales Minimum.

d) 3 ist lokales Minimum.
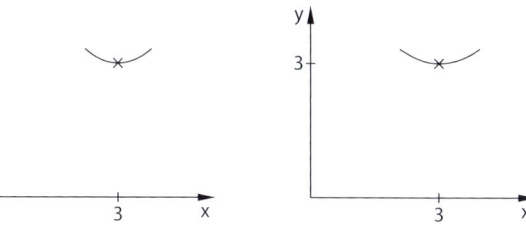

6 Zeichnen Sie einen passenden Funktionsgraphen mit D = [−4; 8].

a) Extremwerte:
  globales Minimum: −2
  globales Maximum: 4
  lokales Minimum: −1 und 3
  lokales Maximum: 0

b) Extremstellen:
  globales Minimum bei x = 5
  globales Maximum bei x = 4
  lokales Minimum bei x = −2; x = 1; x = 3 und x = 5
  lokales Maximum bei x = 0; x = 2 und x = 4

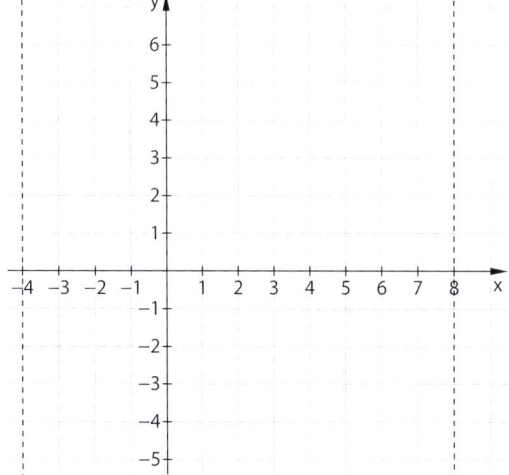

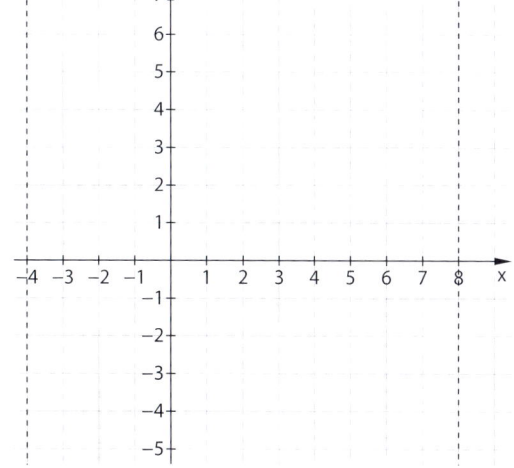

Zusatzaufgabe: Markieren Sie alle lokalen Hoch- und Tiefpunkte verschiedenfarbig.

Zusatzaufgabe: Geben Sie näherungsweise die Koordinaten der Extrempunkte an.

7 Skizzieren Sie einen Graphen mit den gegebenen Eigenschaften.

a)

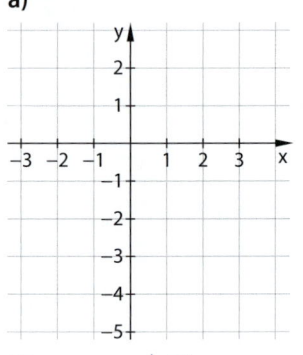

Für $x \to -\infty$	Für $x \to \infty$
gilt	gilt
$f(x) \to -\infty$.	$f(x) \to \infty$.

lokales Minimum: −2
lokales Maximum: 0

b)

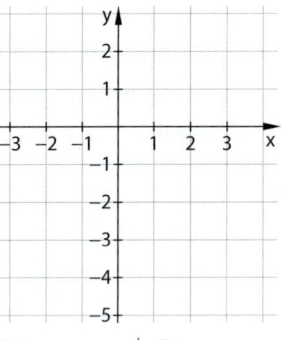

Für $x \to -\infty$	Für $x \to \infty$
gilt	gilt
$f(x) \to -\infty$.	$f(x) \to -\infty$.

lokales Minimum: −1; −5
lokales Maximum: −1; 2
globales Maximum: 2

c)

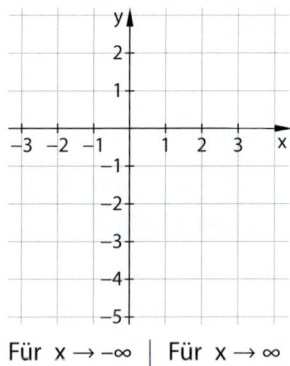

Für $x \to -\infty$	Für $x \to \infty$
gilt	gilt
$f(x) \to \infty$.	$f(x) \to \infty$.

lokales Minimum: 1; −5
globales Minimum: −5
lokales Maximum: 3

d)

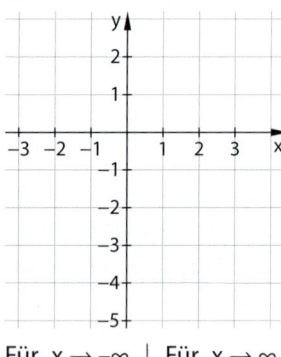

Für $x \to -\infty$	Für $x \to \infty$
gilt	gilt
$f(x) \to \infty$.	$f(x) \to -\infty$.

lokales Minimum: −1,5
lokales Maximum: 2,5

8 Randextrema: Ergänzen Sie die Tabelle zu f für beide Intervalle. Geben Sie alle lokalen Hoch- und Tiefpunkte des Graphen im Koordinatensystem an.

	$D = (0; 4)$	$D = (-2,25; 1)$
globales Maximum		
globales Minimum		
lokales Maximum		
lokales Minimum		

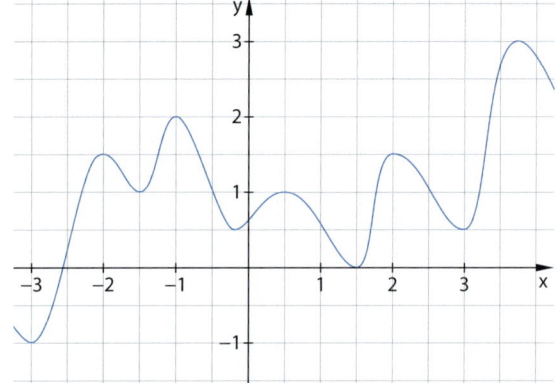

9 Beurteilen Sie die Aussagen. Widerlegen Sie falsche Aussagen mit einem Gegenbeispiel.

Jede ganzrationale Funktion dritten Grades besitzt einen lokalen Hochpunkt und einen lokalen Tiefpunkt.

☐ wahr ☐ falsch

Jede ganzrationale Funktion dritten Grades mit mindestens zwei Nullstellen besitzt einen lokalen Hochpunkt und einen lokalen Tiefpunkt.

☐ wahr ☐ falsch

Jede ganzrationale Funktion zweiten Grades besitzt entweder einen lokalen Hochpunkt oder einen lokalen Tiefpunkt.

☐ wahr ☐ falsch

Für jede ganzrationale Funktion f vierten Grades gilt:
Für $x \to \pm\infty$ geht $f(x) \to \infty$.

☐ wahr ☐ falsch

Jede ganzrationale Funktion vierten Grades besitzt höchstens zwei lokale Hochpunkte.

☐ wahr ☐ falsch

Wenn eine ganzrationale Funktion vierten Grades genau einen Hochpunkt besitzt, dann hat sie zwei lokale Tiefpunkte.

☐ wahr ☐ falsch

Für keine ganzrationale Funktion sechsten Grades gilt:
Für $x \to -\infty$ geht $f(x) \to -\infty$ und für $x \to \infty$ geht $f(x) \to \infty$.

☐ wahr ☐ falsch

Jede ganzrationale Funktion sechsten Grades besitzt mindestens ein lokales Extremum.

☐ wahr ☐ falsch

Weiterführende Aufgaben

10 Ergänzen Sie die Tabelle.

	$f(x) = -x^2 + 4$	$f(x) = x^2 \cdot (1 - \frac{1}{5}x)$	$f(x) = \frac{1}{4}x^5 + \frac{1}{2}x^3$
Für $x \to +\infty$ gilt			
Für $x \to -\infty$ gilt			
Existenz eines Hochpunktes			
Existenz eines Tiefpunktes			
Symmetrie			
Graph (Skizze)	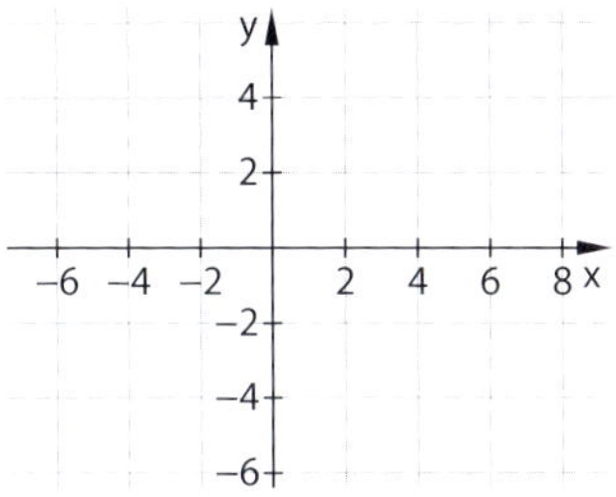	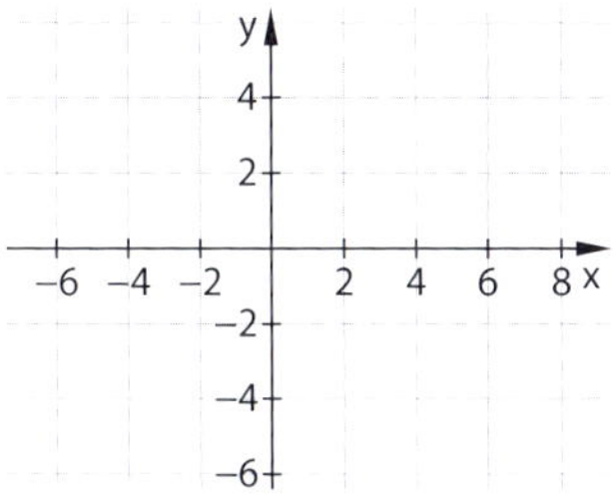	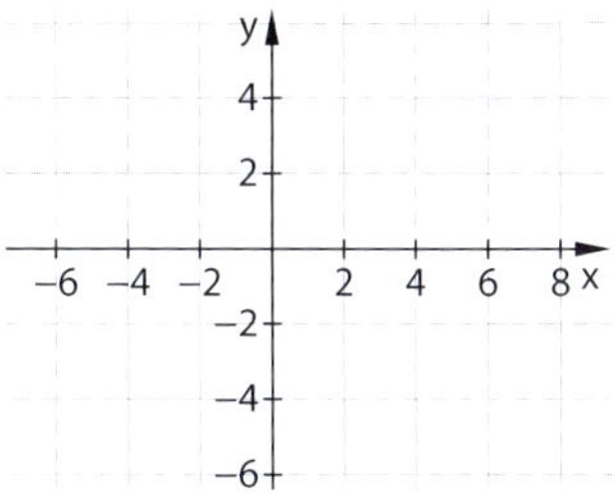

11 Betrachten Sie die Funktion $f(x) = x + 1$ für $0 < x \le 1$.

Schreiben Sie die Geschichte zu Ende. Nutzen Sie dabei nur wahre Aussagen.

„Ha", ruft der x-Wert x = 1, „ich bin der Größte, denn unter euch anderen x-Werten aus unserem Intervall gibt es keinen, der einen Funktionswert hat, der größer ist als meiner. Aber du, mein Freund x = 0, hast es schlecht getroffen, denn du besitzt den kleinsten aller unserer Funktionswerte."

Darauf entgegnet der x-Wert x = 0: _____

_____

_____

_____

_____

_____

_____

12 Beurteilen Sie die Aussagen. Widerlegen Sie falsche Aussagen mit einem Gegenbeispiel.

Hat eine für alle reellen Zahlen x definierte ganzrationale Funktion f ein lokales Maximum, so ist dieses auch das globale Maximum.	Hat eine auf einem offenen Intervall definierte Funktion f ein globales Maximum, so hat diese auch ein lokales Minimum.	Eine auf einem offenen Intervall definierte Funktion f kann an den Intervallenden kein globales Extremum haben.	Eine auf einem offenen Intervall definierte Funktion f kann kein globales Extremum haben.
☐ wahr ☐ falsch	☐ wahr ☐ falsch	☐ wahr ☐ falsch	☐ wahr ☐ falsch

Basisaufgaben

1 **Achsensymmetrie zur y-Achse:** Untersuchen Sie, ob der Graph achsensymmetrisch zur y-Achse ist.

Hilfe: Der Graph einer ganzrationalen Funktion f ist genau dann achsensymmetrisch zur y-Achse, wenn der Funktionsterm von f nur gerade Exponenten hat. Es gilt $f(-x) = f(x)$.

(Hilfe-Text auf dem Kopf stehend gedruckt)

a) Kreuzen Sie alle Funktionen an, die achsensymmetrisch zur y-Achse sind.
   Zusatzaufgabe: Zeichnen Sie die Graphen mit dem GTR.

☐ $f(x) = x^8$ ☐ $g(x) = 7x^8$ ☐ $h(x) = 7x^8 - 9$ ☐ $i(x) = 7x^8 - 9x$

☐ $j(x) = -7x^8 - 11x^6$ ☐ $k(x) = -1 - 7x^8 + 0{,}5x^4$ ☐ $l(x) = 7x^8 - 9x^3 + x^2$ ☐ $m(x) = (x-2)x^8$

b) Prüfen Sie, ob gilt $f(-x) = f(x)$ und somit der Graph der Funktion f symmetrisch zur y-Achse ist.

$f(x) = x^4 - x^2$ $f(-x) = (-x)^4 - (\underline{})^2 = \underline{} - \underline{} = f(x),$

demzufolge liegt _____

$g(x) = x^6 - 0{,}3x^4 - 2x^2$ $g(-x) = (\underline{})^6 + $ _____

demzufolge liegt _____

$h(x) = x^4 - x$ $h(-x) = $ _____

demzufolge liegt _____

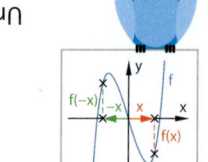

2 **Punktsymmetrie zum Ursprung:** Untersuchen Sie, ob der Graph punktsymmetrisch zum Ursprung ist.

Hilfe: Der Graph einer ganzrationalen Funktion f ist genau dann punktsymmetrisch zum Ursprung, wenn der Funktionsterm von f nur ungerade Exponenten hat. Es gilt $f(-x) = -f(x)$.

(Hilfe-Text auf dem Kopf stehend gedruckt)

a) Kreuzen Sie alle Funktionen an, die punktsymmetrisch zum Ursprung sind.
   Zusatzaufgabe: Zeichnen Sie die Graphen mit dem GTR.

☐ $f(x) = x^9$ ☐ $g(x) = 6x^9$ ☐ $h(x) = 6x^9 - 7$ ☐ $i(x) = 6x^9 - 11x$

☐ $j(x) = -7x^9 - 11x^{15}$ ☐ $k(x) = -1 - 7x^9 + 0{,}5x^7$ ☐ $l(x) = (7x^9 - 9x^7) \cdot x$ ☐ $m(x) = (x-2)x^8$

b) Prüfen Sie, ob gilt $f(-x) = -f(x)$ und somit der Graph der Funktion f punktsymmetrisch zum Ursprung ist.

$f(x) = x^3 - x$ $f(-x) = (\underline{})^3 - (\underline{}) = -x^3 \underline{} = -(x^3 \underline{}) = -f(x),$

demzufolge liegt _____

$g(x) = -x^5 + 2x^3 - 5x$ $g(-x) = -(\underline{})^5 + $ _____

demzufolge liegt _____

$h(x) = 7x^5 - 8$ $h(-x) = $ _____

demzufolge liegt keine _____

3 Entscheiden Sie, ob der Graph der Funktion achsensymmetrisch zur y-Achse (a), punktsymmetrisch zum Ursprung (p) oder nichts von beidem (n) ist.

$f(x) = 3x(x^{11} - 4x) - 2$ ___	$g(x) = -3x(x^7 - 5x)$ ___
$h(x) = (x+1)(x^3 - x)$ ___	$i(x) = x^3 - 5x$ ___
$j(x) = (x-5)^2$ ___	$k(x) = (2-x)^3$ ___
$l(x) = (x^3)^2 - 5x$ ___	$m(x) = (7x^2)^7 + x^2$ ___

4 Ergänzen Sie die Exponenten in den Funktionsgleichungen. | 2 | | 3 | | 3 | | 4 | | 5 | | 6 | | 7 |

Tragen Sie jede der gegebenen Zahlen genau einmal ein.

Zusatzaufgabe: Finden Sie, wenn möglich, mehrere Lösungen. Überprüfen Sie diese mit dem GTR.

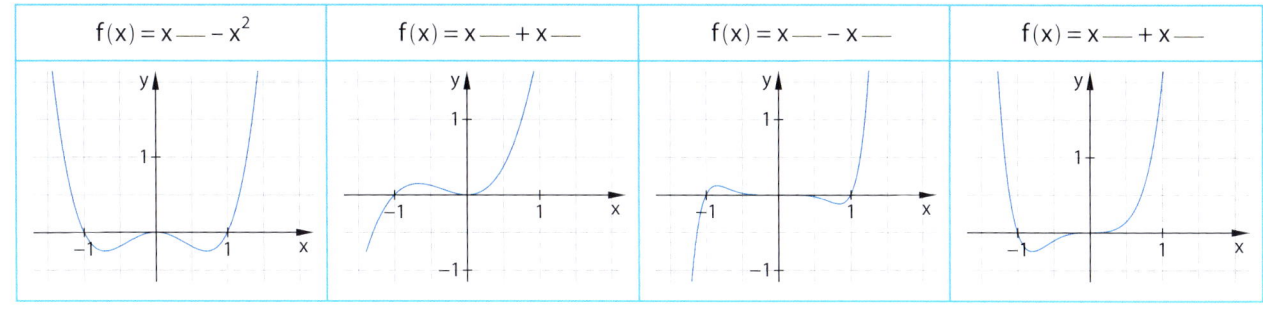

| $f(x) = x \underline{} - x^2$ | $f(x) = x \underline{} + x \underline{}$ | $f(x) = x \underline{} - x \underline{}$ | $f(x) = x \underline{} + x \underline{}$ |

5 Vervollständigen Sie die Wertetabellen.

a) f ist achsensymmetrisch zur y-Achse.

x	−5	−2	2	5
y	−629	−20		

b) f ist punktsymmetrisch zum Ursprung.

x	−3	−2	2	3
y	−243	−32		

Weiterführende Aufgaben

6 Zum Graphen der ganzrationalen Funktion f vierten Grades wurde in fünf Schritten eine Funktionsgleichung aufgestellt. Schreiben Sie auf die Karte mit dem passenden Kommentar die Nummer des Lösungsschritts. Zwei Karten bleiben übrig.

1. $f(x) = a \cdot x^4 + c \cdot x^2 + e$
2. $e = 0$
3. $0 = a \cdot 2^4 + c \cdot 2^2$
   $1 = a \cdot 1^4 + c \cdot 1^2$
4. $a = -\frac{1}{3}$ und $c = \frac{4}{3}$
5. $f(x) = -\frac{1}{3} \cdot x^4 + \frac{4}{3} \cdot x^2$

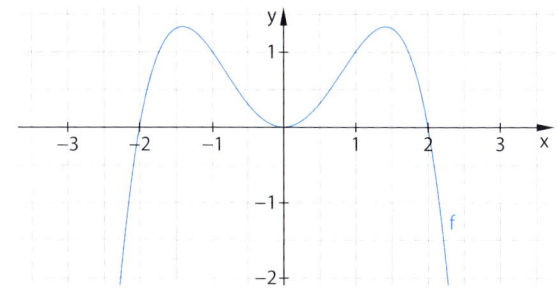

| ___ Der Punkt O(0\|0) liegt auf dem Graphen. | ___ Die Punkte P(2\|0) und Q(1\|1) liegen auf dem Graphen. | ___ Die Punkte P(0\|0) und Q(1\|1) liegen auf dem Graphen. | ___ Die Lösungen des Gleichungssystems wurden ermittelt. |
| ___ Die Koeffizienten werden in die Funktionsgleichung eingesetzt. | ___ Es liegt Achsensymmetrie zur y-Achse vor, also gibt es nur gerade Exponenten. | ___ Es liegt Achsensymmetrie zur y-Achse vor, also gibt es nur zwei Exponenten. | ___ Der höchste Exponent ist 4, da es eine Funktion vierten Grades ist. |

7 Beurteilen Sie die Aussagen. Widerlegen Sie falsche Aussagen mit einem Gegenbeispiel.

| Wenn die Funktion f achsensymmetrisch zur y-Achse ist, dann ist auch die Funktion g mit $g(x) = f(x) + d$ mit $d \in \mathbb{R}$ achsensymmetrisch zur y-Achse. | Wenn die Funktion f punktsymmetrisch zum Ursprung ist, dann ist auch die Funktion g mit $g(x) = f(x) + d$ mit $d \in \mathbb{R}$ $d \neq 0$ punktsymmetrisch zum Ursprung. | Wenn die Funktion f achsensymmetrisch zur y-Achse ist, dann ist die Funktion g mit $g(x) = f(x + e)$ mit $e \in \mathbb{R}$ achsensymmetrisch zur Geraden x = e. | Wenn die Funktion f punktsymmetrisch zum Ursprung ist, dann ist auch die Funktion g mit $g(x) = a \cdot f(x)$ mit $a \in \mathbb{R}$ punktsymmetrisch zum Ursprung. |
| ☐ wahr ☐ falsch | ☐ wahr ☐ falsch | ☐ wahr ☐ falsch | ☐ wahr ☐ falsch |

Basisaufgaben

1 Linearfaktoren: Ergänzen Sie die Nullstellen der Funktion f oder die Linearfaktoren.

Hilfe: Die Gleichung $x \cdot (x-7) \cdot (x+1) = 0$ ist erfüllt, wenn ein Faktor Null ist: $L = \{0; 7; -1\}$.

a) $f(x) = (x-1) \cdot (x+2) \cdot (x-3)$ Nullstellen: $x_1 = \underline{}$ $x_2 = \underline{}$ $x_3 = \underline{}$

b) $f(x) = 0,7 \cdot (x-6) \cdot (x+2) \cdot (2x-2)$ Nullstellen: $x_1 = \underline{}$ $x_2 = \underline{}$ $x_3 = \underline{}$

c) $f(x) = (x\underline{}) \cdot (x\underline{}) \cdot (x\underline{})$ Nullstellen: $x_1 = -3$ $x_2 = -2$ $x_3 = -1$

d) $f(x) = -4 \cdot (x+1) \cdot (\underline{}+x) \cdot (\underline{}-x)$ Nullstellen: $x_1 = -1$ $x_2 = 4$

e) $f(x) = -0,1 \cdot (x^2+1) \cdot (\underline{}-x) \cdot (\underline{}+x)$ Nullstellen: $x_1 = -4$ $x_2 = 2$

2 Beschriften Sie mithilfe der Nullstellen die Graphen.

$f(x) = -0,1 \cdot (x+3) \cdot (x-3)$
$g(x) = 0,1 \cdot (x+3) \cdot (x+1) \cdot (x-2)$
$h(x) = 0,1 \cdot (x-3) \cdot (x+3) \cdot (x^2+1)$
$i(x) = 0,5 \cdot (x+2) \cdot x \cdot (x-3)$
$j(x) = 0,1 \cdot (x-3) \cdot (x-1) \cdot (x+1) \cdot (x+3)$

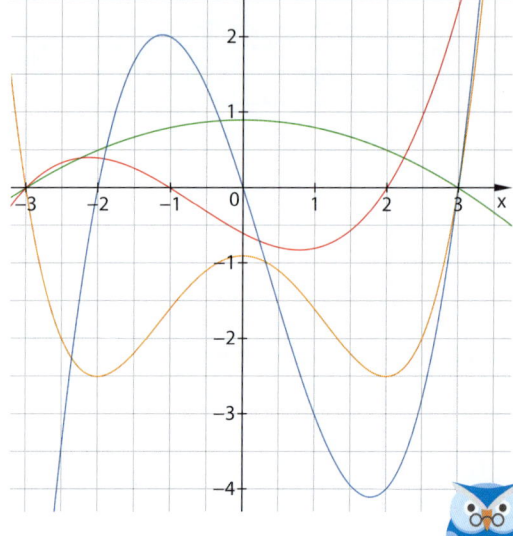

3 Ausklammern und Lösungsformel anwenden: Ermitteln Sie die Nullstellen.

a) $f(x) = 2x^3 + 2x^2 - 4x$

$0 = 2x^3 + 2x^2 - 4x$

$0 = 2x(x^2 \underline{})$, also ist $x_1 = \underline{}$

$x_2 = \underline{} + \sqrt{0,5^2 + 2} = 1$

$x_3 = \underline{} - \sqrt{0,5^2 + 2} = -2$

Nullstellen: $x_1 = \underline{}$ $x_2 = \underline{}$ $x_3 = \underline{}$

b) $f(x) = -2x^5 + 4x^4 + 6x^3$

$\underline{} = -2x^5 + 4x^4 + 6x^3$

$\underline{} = -2x^3(x^2 - 2x - 3)$, also ist $x_1 = \underline{}$

$x_2 = \underline{}$

$x_3 = \underline{}$

Nullstellen: $x_1 = \underline{}$ $x_2 = \underline{}$ $x_3 = \underline{}$

c) $f(x) = x^4 + 3x^3 - 10x^2$

$\underline{}$

$\underline{}$

$x_2 = \underline{}$

$x_3 = \underline{}$

Nullstellen: $x_1 = \underline{}$ $x_2 = \underline{}$ $x_3 = \underline{}$

d) $f(x) = 1,5x^5 + 10,5x^4 + 9x^3$

$\underline{}$

$\underline{}$

$x_2 = \underline{}$

$x_3 = \underline{}$

Nullstellen: $x_1 = \underline{}$ $x_2 = \underline{}$ $x_3 = \underline{}$

4 Mehrfache Nullstellen: Ergänzen Sie fehlende Angaben.

a) $f(x) = (x-1)^2 \cdot (x+8) \cdot (x-2)^3$

einfache Nullstelle bei -8

doppelte Nullstelle _____

dreifache Nullstelle _____

b) $f(x) = 0{,}1(x+1)^4 \cdot (4-2x)^3$

_____

_____

c) $f(x) = (\underline{\quad}\,x)^2 \cdot (x \,\underline{\quad}) \cdot (x - \underline{\quad})^3$

einfache Nullstelle bei -7
doppelte Nullstelle bei 1
dreifache Nullstelle bei 5

d) $f(x) = $ _____

einfache Nullstelle bei -1
doppelte Nullstelle bei 0
dreifache Nullstelle bei 1

5 Substitution: Berechnen Sie die Nullstellen x_1, x_2 … der biquadratischen Gleichungen mittels Substitution.

a) $f(x) = x^4 - 5x^2 + 4$

$0 = x^4 - 5x^2 + 4$

Substitution: $x^2 = u$

$0 = u^2 - 5u + 4$

$u_1 = $ _____

$u_1 = x^2 = \underline{\quad}$ somit gilt:

$\qquad x_1 = \underline{\quad}$ und $x_2 = \underline{\quad}$

$u_2 = $ _____

$u_2 = x^2 = \underline{\quad}$ somit gilt:

$\qquad x_3 = \underline{\quad}$ und $x_4 = \underline{\quad}$

b) $f(x) = x^4 - 16$

$0 = x^4 - 16$

Substitution: $x^2 = u$

$0 = $ _____

$u_1 = $ _____

$u_1 = x^2 = \underline{\quad}$ somit gilt:

$\qquad x_1 = \underline{\quad}$ und $x_2 = \underline{\quad}$

$u_2 = $ _____

$u_2 = x^2 = \underline{\quad}$ somit gilt:

_____

c) $f(x) = x^4 - 2x^2 - 3$

$\underline{\quad} = x^4 - 2x^2 - 3$

Substitution: $x^2 = u$

$0 = \underline{\quad} - 2\,\underline{\quad} - 3$

$u_1 = $ _____

$u_1 = x^2 = \underline{\quad}$ somit gilt:

_____

$u_2 = $ _____

$u_2 = x^2 = \underline{\quad}$ somit gilt:

_____

d) $f(x) = x^6 + x^3 - 6$

$\underline{\quad} = $ _____

Substitution: $x^3 = u$

$0 = $ _____

$u_1 = $ _____

$u_1 = x^3 = \underline{\quad}$ somit gilt:

_____

$u_2 = $ _____

$u_2 = x^3 = \underline{\quad}$ somit gilt:

_____

6 Auf den Karten stehen die Nullstellen der Funktion.
Schreiben Sie den Buchstaben der Lösungskarte hinter den Funktionsterm.

a) $f(x) = (x + 7)(x - 6)$ _____

b) $f(x) = (x^2 - 9)(x + 2)$ _____

c) $f(x) = (x + 5)(x - \frac{1}{5})$ _____

d) $f(x) = x^3(x + 4)$ _____

e) $f(x) = x^5 - 4x^3$ _____

f) $f(x) = x^3 + 7x$ _____

| $x_1 = 0; x_2 = -4$ R | $x_1 = 9; x_2 = -2$ G | $x_1 = 11$ C |

$x_1 = 5; x_2 = -\frac{1}{5}$ S

$x_1 = 3; x_2 = -3; x_3 = 2$ D

$x_1 = 7; x_2 = -6$ T

$x_1 = -7; x_2 = 6$ N

$x_1 = -5; x_2 = \frac{1}{5}$ B

$x_1 = 3; x_2 = -3; x_3 = -2$ I

$x_1 = 0; x_2 = \sqrt{7}; x_3 = -\sqrt{7}$ S

$x_1 = 0$ L

$x_1 = 0; x_2 = 2; x_3 = -2$ E

Zusatzaufgabe: Bilden Sie aus allen aufgeschriebenen Buchstaben den Namen einer Stadt in Deutschland.

7 Ordnen Sie für die Ermittlung der Nullstellen benötigte Verfahren der Reihe nach zu.
Abkürzungen der Verfahren: A: Ausklammern   S: Substitution   F: Lösungsformel

a) $f(x) = x^5 - x^4 + 4x^3$ 1. A; _____

b) $f(x) = x^3 - 7x^2 + 6x$ _____

c) $f(x) = x^3 - x$ _____

d) $f(x) = 8x^4 - 0{,}5$ _____

e) $f(x) = 0{,}5x^4 + 2x^2 + 2$ _____

f) $f(x) = -2x^5 + 8x^3$ _____

g) $f(x) = 7x^8 + 8x^7$ _____

h) $f(x) = 2x^6 + 6x^4 - 8x^2$ _____

i) $f(x) = -6x^2 + 4x^2 + 16x$ _____

j) $f(x) = x(3x^3 + x^2 - 2x)$ _____

Zusatzaufgabe: Ermitteln Sie die Nullstellen auf einem zusätzlichen Blatt.

8 Beurteilen Sie die Aussagen.

① Die Funktion $f(x) = (x^2 + 1) \cdot (x + 2)$ hat drei Nullstellen.   ☐ wahr ☐ falsch

② Die Funktion $g(x) = (x^3 - x) \cdot (x - 5)^2$ besitzt vier Nullstellen.   ☐ wahr ☐ falsch

③ $h(x) = 7x^3 + 189$ hat keine Nullstelle.   ☐ wahr ☐ falsch

④ Jede ganzrationale Funktion 3. Grades besitzt eine Nullstelle.   ☐ wahr ☐ falsch

⑤ Jede ganzrationale Funktion 3. Grades besitzt höchstens drei Nullstellen.   ☐ wahr ☐ falsch

Zusatzaufgabe: Begründen Sie Ihre Entscheidungen.

9 Geben Sie die Gleichung einer ganzrationalen Funktion f 3. Grades an, die die Nullstellen 2, 3 und –1 hat und deren Graph durch den Punkt P(1|8) geht.

_____

_____

_____

_____

Weiterführende Aufgaben

10 Geben Sie passende ganzrationale Funktionen an.

Nullstellen	Der Graph der Funktion ist ...	Funktionsgleichung
–2; 0; 2	achsensymmetrisch zur y-Achse	
–2; 0; 2	punktsymmetrisch zum Ursprung	
–2; 0; 2	weder achsen- noch punktsymmetrisch	

Zusatzaufgabe: Zeichnen Sie die Graphen der Funktionen mit dem GTR.

11 Graphen und Funktionsgleichungen

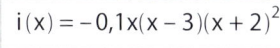 $f(x) = 6x(x-1)(x-2)$

$g(x) = 2(x+1)^3$

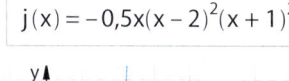 $h(x) = (x^2 - 4) \cdot x^2 + 2$

$i(x) = -0{,}1x(x-3)(x+2)^2$

$j(x) = -0{,}5x(x-2)^2(x+1)^2$

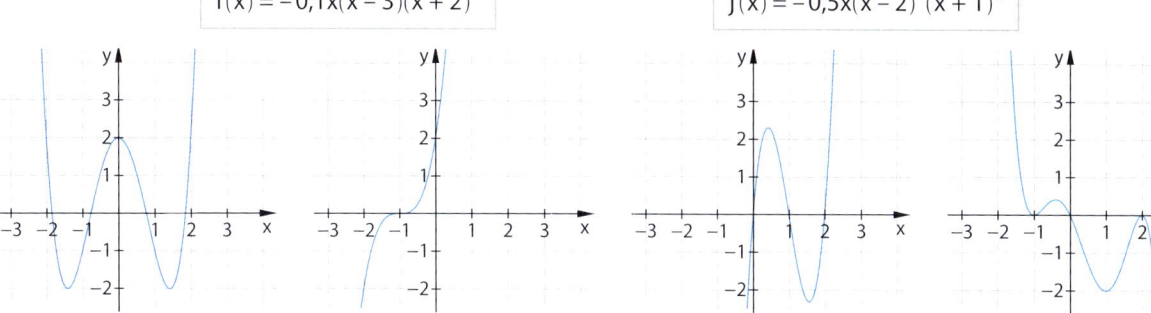

a) Beschriften Sie die Graphen.

b) Eine der Funktionsgleichungen kann bei Teilaufgabe a nicht zugeordnet werden.

Skizzieren Sie den Graphen dieser Funktion mithilfe folgender Angaben.

Globales Maximum bei $x = 2$ ist 3,2. Tiefpunkt $(-0{,}75 \mid -0{,}44)$

Nullstellen: _____

Für $x \to \infty$ gilt $f(x) \to$ _____

Für $x \to -\infty$ gilt $f(x) \to$ _____

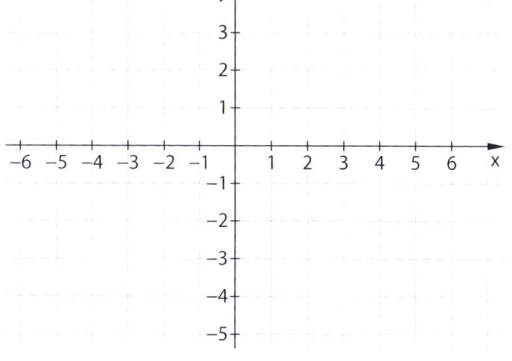

12 Eine quaderförmige Schachtel hat ein Volumen von $6\,\text{dm}^3$. Die Kante a ist 1 dm kürzer als die Kante b und die Kante c ist 1 dm länger als die Kante b. Ermitteln Sie die drei Kantenlängen mithilfe der Formel $V = a \cdot b \cdot c$ und mithilfe des Graphen.

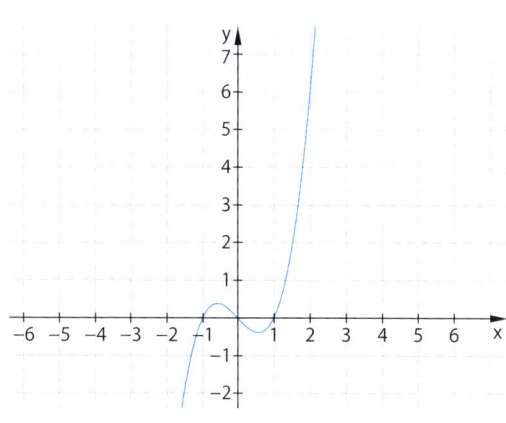

Die Kanten haben die Längen a = ____ dm, b = ____ dm und c = ____ dm.

1 Kreuzen Sie Zutreffendes an.

a) Terme ganzrationaler Funktionen sind … □ $x^2 + 2^x$ □ $x^2 + \sqrt{2 \cdot x}$ □ $x^2 \cdot (3 - x)$ □ $x + 1$

b) Nullstellen von $f(x) = 2x^3 - 2x$ sind … □ $x = -1$ □ $x = 2$ □ $x = 0$ □ $x = 1$

c) Die Graphen zu den Funktionstermen sind symmetrisch zur y-Achse. □ x^6 □ $x^4 - 3x$ □ $5x^{100} - 3x^{50}$ □ $2x^3 \cdot (x^2 - 4x)$

d) Die Graphen zu den Funktionstermen sind punktsymmetrisch zum Ursprung. □ $x^3 - x + 1$ □ $2x$ □ $x(x^2 - 2)$ □ $2x^{51} - 4x^{27}$

e) Die Funktion $f(x) = (x^2 - 4) \cdot (x^2 - 1)$ hat … Hochpunkte (H) und … Tiefpunkte (T). □ 2 T und 1 H □ 2 H und 1 T □ 2 T und 0 H □ 1 T und 0 H

f) $f(x) = 0{,}1 \cdot (x + 5) \cdot (x + 2) \cdot x^2 \cdot (x - 3)$ hat ein lokales Maximum im Intervall … □ $-5 \le x \le -2$ □ $-2 \le x \le 1$ □ $0 < x \le 2{,}5$ □ $3 \le x \le 5$

2 Kreuzen Sie alle passenden Funktionsterme an.

Von einer ganzrationalen Funktion 3. Grades sind die Punkte A (0|0), B (1|10), C (6|0) und D (3|0) bekannt. Passende Funktionsterme zu dieser Funktion sind …

□ $-x^3 + 9x^2 - 1$
□ $x(x + 3)(x + 6)$
□ $x^3 - 9x^2 + 18x$
□ $x(18 - 9x + x^2)$
□ $x(x - 3)(x - 6)$

Zum Graphen der abgebildeten ganzrationalen Funktion 3. Grades passt der Funktionsterm …

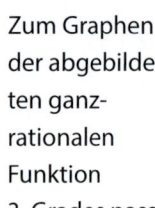

□ $x^2 \cdot (x - 2)$
□ $2x^2 - x^3$
□ $x^2 \cdot (2 - x)$
□ $-x^2 \cdot (2 + x)$
□ $x^3 - 2x^2$

Ein Glücksrad hat zwei Sektoren. Die Wahrscheinlichkeit, dass beim Drehen der Gewinnsektor erscheint, ist p. Es wird zweimal gedreht. Die Wahrscheinlichkeit, dass dabei genau ein Gewinn erzielt wird, ist …

□ p^2
□ $p \cdot (1 - p)$
□ $p + p$
□ $2 \cdot p \cdot (1 - p)$
□ $2p - 2p^2$

3 Geben Sie zwei Gemeinsamkeiten der ganzrationalen Funktionen f, g und h an.

$f(x) = x^2(x + 3)$　　　$g(x) = 0{,}6x^3 + 0{,}9x^2$　　　$h(x) = -x^2(3 + x)$

_____

_____

4 Geben Sie das Globalverhalten der Funktion f mit $f(x) = 2x^{15} - 3x^8 + 2x - 3$ an.

Für $x \to \infty$ gilt _____　　Für $x \to -\infty$ gilt _____

5 Der Grad einer ganzrationalen Funktion ist ungerade.
Begründen Sie, weshalb ihr Graph die x-Achse mindestens einmal schneiden.

_____

_____

_____

_____

6 Die ganzrationale Funktion 3. Grades f wurde mit ihrem lokalen Tiefpunkt und ihrem lokalen Hochpunkt dargestellt.

a) Ergänzen Sie die Tabelle.

Funktion	Tiefpunkt	Hochpunkt
$g(x) = f(x) + 2$		
$h(x) = f(x + 1)$		
$k(x) = f(-x)$		
$m(x) = -0,5 \cdot f(x)$		

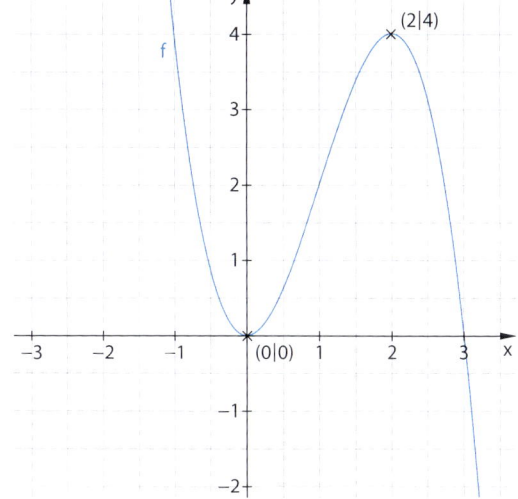

b) Geben Sie die doppelte und die einfache Nullstelle von f an.

doppelte Nullstelle: _____   einfache Nullstelle: _____

c) Die Funktion f hat eine Gleichung der Form
$f(x) = a \cdot x^2 \cdot (x - d)$ mit $a, d \in \mathbb{R}$.
Ermitteln Sie die Gleichung von f.

_____

_____

7 *Was lohnt sich?*

Kosten k: $k(x) = 2x^3 - 12x^2 + 26x + 20$

Umsatz u: $u(x) = 20x$

Gewinn g: $g(x) = u(x) - k(x)$

x steht für die Anzahl der Produkte mit $(x \in \mathbb{R}; x \geq 0)$.

g(x) steht für den Betrag in Euro.

Ermitteln Sie mithilfe eines GTR die Schnittpunkte der Funktion g mit den Achsen und lokale Extrempunkte.
Geben Sie die praktische Bedeutung dieser Punkte im Sachzusammenhang an.

_____

_____

_____

_____

8 Das Bild zeigt den Graphen der Funktion f.
Im Intervall $-\sqrt{2} < x < \sqrt{2}$ ist dem Graphen ein Rechteck ABCD einbeschrieben.
Der Punkt B hat die Koordinaten $B(u|f(u))$ mit $0 < u < \sqrt{2}$.

a) Kreuzen Sie die passende Funktionsgleichung an.

☐ $f(x) = 0,5x^4 - 2x^2 + 2$ ☐ $f(x) = 0,5x^4 - 2x^3$

☐ $f(x) = 0,5x^2 - 2x + 2$ ☐ $f(x) = 0,5x^3 - 2x^2 + 2$

b) Geben Sie die Seitenlängen des Rechtecks für u = 1 an.

Seite $\overline{AD}$: _____   Seite $\overline{AB}$: _____

c) Stellen Sie sich vor, dass das Rechteck ABCD für u = 1 um die y-Achse rotiert und ein Zylinder entsteht.
Geben Sie den Radius, die Höhe und das Volumen des Zylinders an.

Radius: _____   Höhe: _____   Volumen: _____

Basisaufgaben

1 Mittlere Änderungsrate: Ermitteln Sie zeichnerisch und rechnerisch die mittlere Änderungsrate m von f in den Intervallen.

Hilfe: Eine Gerade durch die Punkte $A(a|f(a))$ und $B(b|f(b))$ hat die Steigung $m = \frac{f(b) - f(a)}{(b - a)}$.

Zeichnen Sie jeweils als Erstes die passende Sekante und ein Steigungsdreieck ein.

a) Intervall $[-3; -2]$

$A(-3|-2); B(-2|1)$ $m = \dfrac{\boxed{} - (-\boxed{})}{-2 - (-3)} = \dfrac{\boxed{}}{1} = $ _____

b) $I = [-2; 2]$

$A(-2|\underline{}); B(2|\underline{})$ $m = \underline{} = \underline{}$

c) $I = [2; 6]$

$A(\underline{}|\underline{}); B(\underline{}|\underline{})\ m = \underline{}$

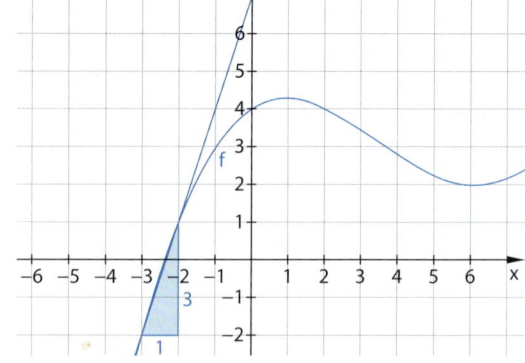

2 Berechnen Sie die mittlere Änderungsrate der Funktion f im Intervall $[a; b]$ mit dem Differenzenquotienten $\dfrac{f(b) - f(a)}{(b - a)}$.

Hilfe: Berechnen Sie zuerst die y-Werte.

a) $f(x) = x^2 + 1; I = [-2; 3]$ $A(-2|\underline{}); B(3|\underline{})$ $m = \dfrac{\boxed{} - \boxed{}}{3 - (-2)} = \underline{}$

b) $f(x) = 0,5\,x^2; I = [-2; 3]$ $A(-2|\underline{}); B(3|\underline{})$ $m = \dfrac{\boxed{} - \boxed{}}{\boxed{} - \boxed{}} = \underline{}$

c) $f(x) = \sqrt{2^x}; I = [-2; 4]$ $P_1(\underline{}|\underline{}); P_2(\underline{}|\underline{})$ $m = \underline{}$

3 Die Grafik zeigt die Entwicklung der Geburten in Deutschland. Ergänzen Sie in den Tabellen die mittleren Änderungsraten der Geburten. Runden Sie auf Tausender.
Zusatzaufgabe: Veranschaulichen Sie Ihre Tabellen grafisch. Was fällt auf?

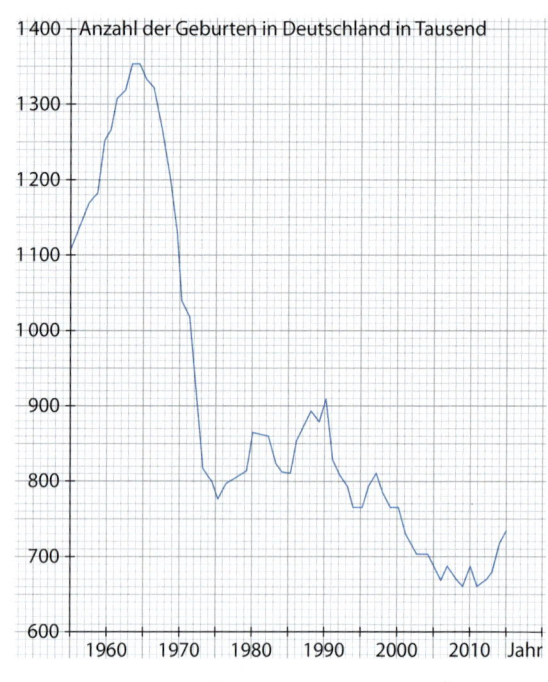

Anzahl der Geburten in Deutschland in Tausend

Zeitraum	1960 bis 1969	1970 bis 1979	1980 bis 1989	1990 bis 1999	2000 bis 2009
mittlere Änderungsrate					

Zeitraum	1965 bis 1974	1975 bis 1984	1985 bis 1994	1995 bis 2004	2005 bis 2014
mittlere Änderungsrate					

4 Lokale Änderungsrate: Geben Sie näherungsweise die Ableitung der Funktion f an der Stelle x_0 an.

Hilfe: Die lokale Änderungsrate von f an der Stelle x_0 nennt man Ableitung $f'(x_0)$.

Ergänzen Sie jeweils die möglichst exakt die Tangente an der Stelle x_0 und geben Sie deren Steigung an.

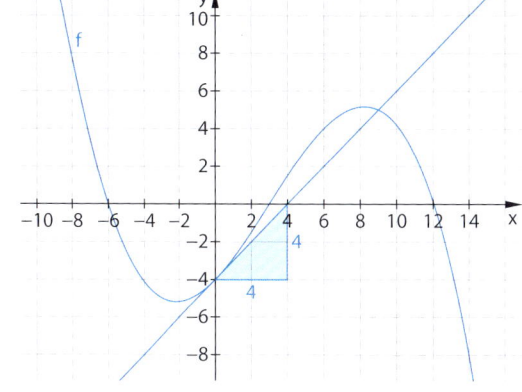

a) $x_0 = 0$ $f'(0) = m = \dfrac{}{4 - 0} = \dfrac{}{4} = \underline{}$

b) $x_0 = 6$ $f'(6) = m = \underline{}$

c) $x_0 = -6$ $f'(-6) = m = \underline{}$

d) $x_0 = -2$ $f'(-2) = m = \underline{}$

5 Es wird die Steigung des Graphen betrachtet.

a) Ergänzen Sie die passenden Punkte.

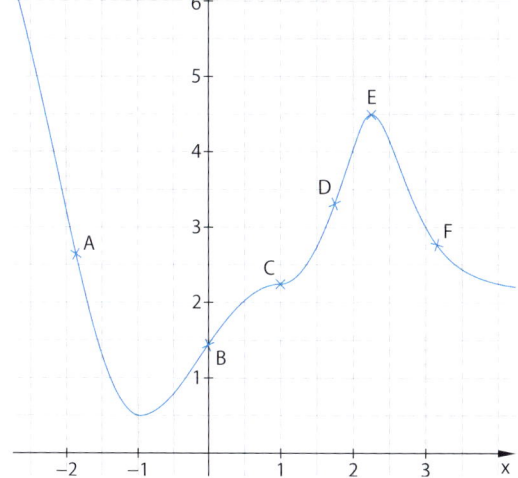

Die Steigung ist null in den Punkten $\underline{}$

Die Steigung ist positiv in den Punkten $\underline{}$

Die Steigung ist negativ in den Punkten $\underline{}$

b) Ordnen Sie die Punkte nach der Steigung.
Beginnen Sie mit dem Punkt mit der geringsten Steigung.

$\underline{}$

6 Bestimmen Sie näherungsweise die Ableitung der Funktion an der Stelle x_0.

a) $f(x) = x^2$; $x_0 = 3$ Vermutlich ist $f'(3) = \underline{}$

x	f(x)	$\dfrac{f(x) - f(x_0)}{x - x_0}$
3,1	9,61	$\dfrac{9,61 - 9}{3,1 - 3} \approx 6,1$
3,01		
3,001		
3,00001		

b) $f(x) = x^4$; $x_0 = 2$ Vermutlich ist $f'(2) = \underline{}$

x	f(x)	$\dfrac{f(x) - f(x_0)}{x - x_0}$

7 Kreuzen Sie an, welcher der Werte am ehesten dem Wert der 1. Ableitung der Funktion f an der Stelle x_0 entspricht.

Hilfe: Rechnen Sie wie in der Tabelle bei Aufgabe 6.

a) $f(x) = x^3$; $x_0 = 2$ ☐ $f'(2) = 0$ ☐ $f'(2) = 1$ ☐ $f'(2) = 12$ ☐ $f'(2) = -20$

b) $f(x) = \sqrt{x - 1}$; $x_0 = 5$ ☐ $f'(5) = 0$ ☐ $f'(5) = 0,25$ ☐ $f'(5) = 1$ ☐ $f'(5) = -1$

c) $f(x) = \dfrac{32}{x^2}$; $x_0 = 4$ ☐ $f'(4) = -0,5$ ☐ $f'(4) = -1$ ☐ $f'(4) = 0,5$ ☐ $f'(4) = 1$

d) $f(x) = x^3 - 2x^2$; $x_0 = 1$ ☐ $f'(1) = -1$ ☐ $f'(1) = 0$ ☐ $f'(1) = 1$ ☐ $f'(1) = 2$

8 **Ableitung an einer Stelle:** Berechnen Sie die 1. Ableitung der Funktion f an der Stelle x_0 als Grenzwert des Differenzenquotienten.

a) $f(x) = 0{,}25x^2$; $x_0 = 2$ **b)** $f(x) = 0{,}5x^2 - 1$; $x_0 = -1$

$$f'(x)$$
$$= \lim_{h \to 0} \frac{f(x) - f(x_0)}{x - x_0}$$
$$= \lim_{h \to 0} \frac{f(x_0 + h) - f(x_0)}{h}$$

1. Einsetzen von x_0 in den Differenzenquotienten mit h

$$\frac{f(x_0 + h) - f(x_0)}{h} \qquad\qquad \frac{f(x_0 + h) - f(x_0)}{h}$$

$$= \frac{0{,}25(2 + h)^2 - (0{,}25 \cdot \boxed{})}{h} \qquad\qquad = \frac{\boxed{} - \boxed{}}{h}$$

2. Umformen mit dem Ziel, h aus dem Nenner zu kürzen

$=$ _____ $=$ _____

$=$ _____ $=$ _____

$=$ _____ $=$ _____

$=$ _____ $=$ _____

3. Ermitteln des Grenzwerts für $h \to 0$

$f'(2) = \lim\limits_{h \to 0} (1 + 0{,}25h) =$ _____ $f'(1) = \lim\limits_{h \to 0} (-1 + 0{,}5h) =$ _____

9 Ergänzen Sie die Tabelle.

Funktion f und Stelle x_0	Differenzenquotient mit h als einziger Variable	Limes für h gegen 0
$f(x) = 5x^2$; $x_0 = 3$		$f'(3) = \lim\limits_{h \to 0} (30 + 5h) =$
$f(x) = 4x^2 - 6$; $x_0 = 5$		$f'(5) = \lim\limits_{h \to 0} (40 + 4h) =$
$f(x) = $ $x_0 = $	$\dfrac{((1 + h) - 1)^3 - (1 - 1)^3}{h}$	$f'() = \lim\limits_{h \to 0} \left(h^2 - \dfrac{1}{h}\right) =$

Zusatzaufgabe: Formen Sie den Differenzenquotienten so um, dass h nicht im Nenner steht.

10 **Tangentengleichung:** Gegeben ist die Funktion f mit $f(x) = -0{,}25x^3 + 1$.
Bestimmen Sie die Gleichung der Tangente t an den Stellen $x_1 = 2$ und $x_2 = 0$ zeichnerisch und rechnerisch.

Tangente t an der Stelle $x_1 = 2$:

$m = f'(2) =$ _____

$f(2) =$ _____

_____ somit gilt $b =$ _____ $t_1(x) =$ _____

Tangente t an der Stelle $x_2 = 0$:

$m = f'(0) =$ _____

$f(0) =$ _____

_____

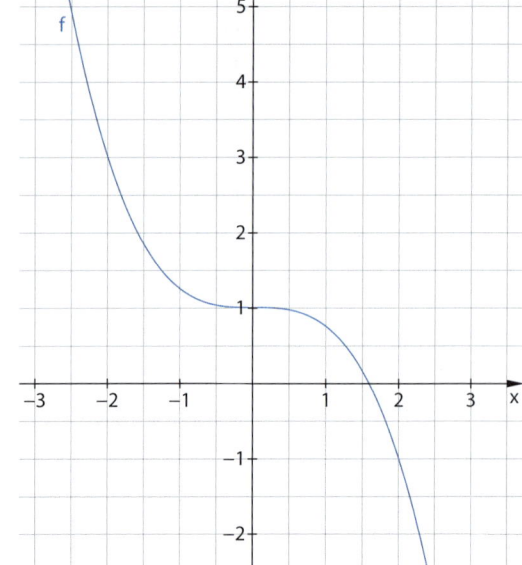

Weiterführende Aufgaben

11 Der Graph der Funktion f stellt die Fahrt einer S-Bahn zwischen den Haltestellen „H_1" und „H_2" dar.

   a) Ergänzen Sie die Sätze zu wahren Aussagen.

      ① Die Steigung der Sekante s entspricht der _____

      ② Die Steigung der Tangente t entspricht der _____

   b) Berechnen Sie mithilfe der Graphik die Durchschnittsgeschwindigkeit $\overline{v}$ der S-Bahn zwischen den Haltestellen H_1
und H_2 sowie die Momentangeschwindigkeit $v(0,5)$.

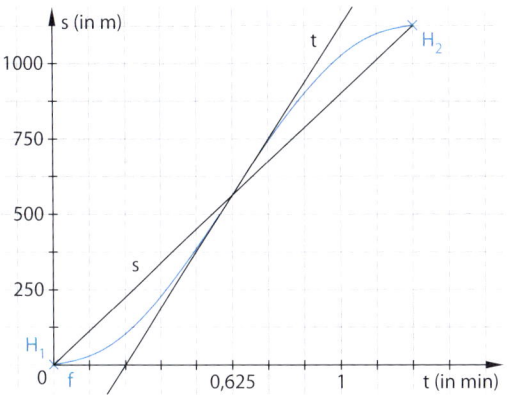

$$\overline{v} = \frac{1125\,\text{m}}{1,25\,\text{min}} = \underline{\hspace{5cm}}$$

$$v(0,625) \approx \frac{\underline{\hspace{3cm}}}{0,375\,\text{min}} = \underline{\hspace{4cm}}$$

12 Paula erfasste alle fünf Minuten die Temperatur des beim Mittag übrig gebliebenen Eintopfs.

Zeit in min	0	5	10	15	20	25	30	35	40	45
Temperatur in °C	45	41	37,6	34,8	32,4	30,4	28,7	27,3	26,2	25,2

   a) Veranschaulichen Sie den Temperaturverlauf im Koordinatensystem.

   b) Geben Sie die kleinste und die größte mittlere Änderungsrate
der Temperatur in den betrachteten 5-Minuten-Intervallen an.
Was fällt Ihnen auf?

_____

_____

_____

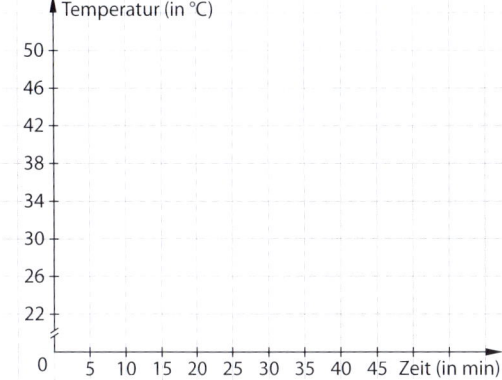

13 Die Abbildung zeigt den Pegelverlauf der Ems bei Rheine.

   a) Berechnen Sie die mittlere Änderungsrate pro Tag vom
10. bis 18. 12. 2017. Runden Sie sinnvoll.

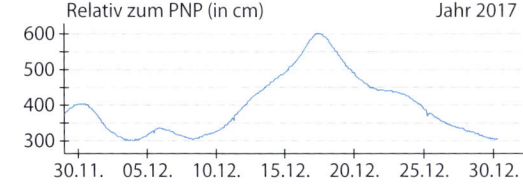

_____

   b) Erläutern Sie, dass die mittlere Änderungsrate pro Tag vom 1. bis 25. 12. 2017 keine sinnvolle Information über die
tatsächliche Entwicklung liefert.

_____

_____

_____

_____

Basisaufgaben

1 Ableitungsfunktion: Ermitteln Sie zur Funktion die Ableitungsfunktion. Skizzieren Sie den Graphen von f' bzw. g'.

Hilfe: Berechnen Sie allgemein für alle Stellen x die Ableitung.

a) $f(x) = 0{,}25x^2$

    1. Aufstellen des Differenzenquotienten mit h

$$\frac{f(x+h) - f(x)}{h}$$

$$= \frac{0{,}25(x+h)^2 - \rule{2cm}{0.3cm}}{h}$$

    2. Umformen mit dem Ziel, h aus dem Nenner zu kürzen

$$=$$
_____

$$= \frac{0{,}25x^2 + 0{,}5xh + 0{,}25h^2 - 0{,}25x^2}{h}$$

$$=$$
_____

$$=$$
_____

    3. Ermitteln des Grenzwerts für $h \to 0$

$$f'(x) = \lim_{h \to 0} (0{,}5x + 0{,}25h) = \rule{2cm}{0.3pt}$$

Wertetabelle zu f und f'

x	−2	−1	0	1	2
f(x)	1	0,25	0	0,25	1
f'(x)					

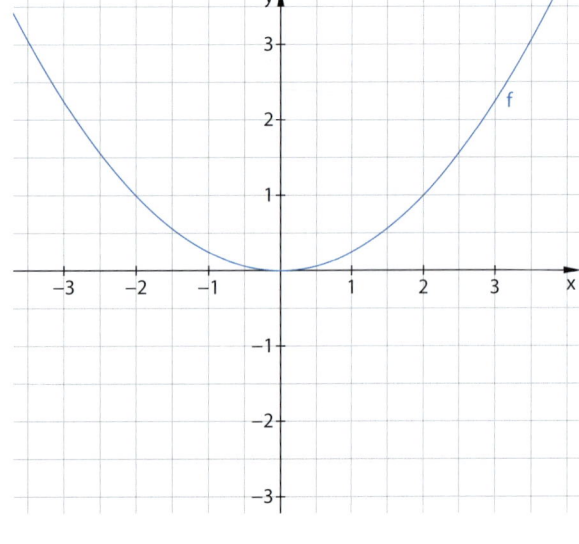

b) $g(x) = x^3$

Hilfe: $(x+h)^3 = x^3 + 3x^2h + 3xh^2 + h^3$

$$\frac{g(x+h) - g(x)}{h}$$

$$= \frac{\rule{2cm}{0.3cm}}{h}$$

$$=$$
_____

$$=$$
_____

$$=$$
_____

$$g'(x) = \lim_{h \to 0} (\rule{2cm}{0.3pt}) = \rule{2cm}{0.3pt}$$

Wertetabelle zu g und g'

x	−2	−1	0	1	2
g(x)	−8	−1	0	1	8
g'(x)					

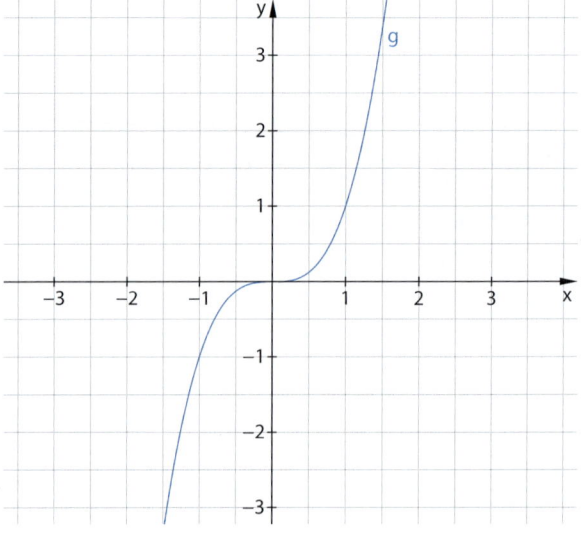

c) Vervollständigen Sie den Satz.

Die Ableitungsfunktion f' zu einer Funktion f gibt

_____

_____

5 **Ableitungsfunktionen und Ableitungen an der Stelle x:** Tragen Sie die gegebenen Ableitungsfunktionen und Ableitungen an der Stelle x ein. Rechnen Sie, wenn nötig, auf einem zusätzlichen Blatt Papier.

| $f'(x) = 2x$ | $f'(x) = -14x - 2$ | $f'(x) = 14x$ | $f'(x) = -2x - 2$ |

| $f'(x) = 2x + 2$ | $f'(x) = -2x + 2$ | $f'(-1) = 12$ | $f'(0,5) = 7$ |

| $f'(2) = 6$ | $f'(6) = 12$ | $f'(10) = -18$ | $f'(2) = -6$ |

Funktion f	Ableitungsfunktion f'	Ableitung an der Stelle x
$f(x) = x^2$		
$f(x) = 7x^2$		
$f(x) = x^2 + 5$		
$f(x) = x^2 + 2x$		
$f(x) = -x^2 + 2x$		
$f(x) = -x^2 + 2x - 7$		
$f(x) = -x^2 - 2x - 0,75$		
$f(x) = -7x^2 - 2x - 4$		

Zusatzaufgabe: Welcher Summand der Funktionsgleichung von f hat keinen Einfluss auf den Wert der Ableitungsfunktion an der Stelle x?

6 **Tangentensteigung:** Die Ableitungsfunktion ist $f'(x) = -14x + 3$.
Geben Sie die Steigung m der Tangenten in den Punkten der Funktion f an.

a) $P(0|0)$ **b)** $P(1|0)$ **c)** $P(2|1)$ **d)** $P(-1|7)$

     $m = -14$ $m =$ $m =$ $m =$

Weiterführende Aufgabe

7 In der oberen Reihe sehen Sie die Graphen der Funktionen und in der unteren Reihe die der zugehörigen Ableitungsfunktionen. Beschriften Sie die Graphen der Funktionen mit f, g, h, k bzw. f', g', h' k'.

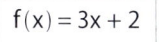 $f(x) = 3x + 2$ 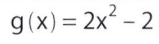 $g(x) = 2x^2 - 2$

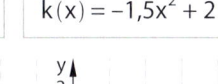 $h(x) = 0,5x^3 - 2$ $k(x) = -1,5x^2 + 2$

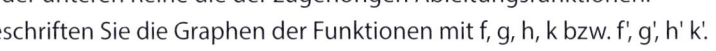
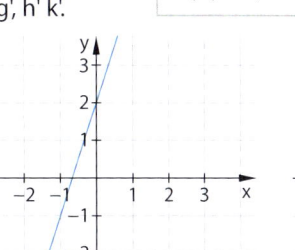

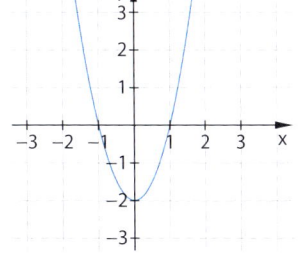 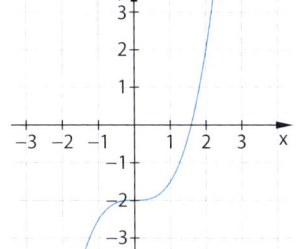 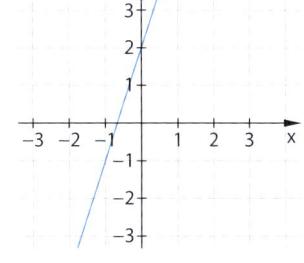 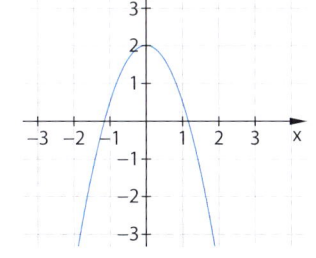

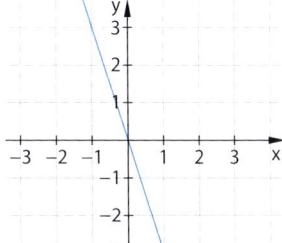 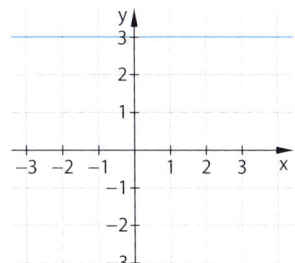 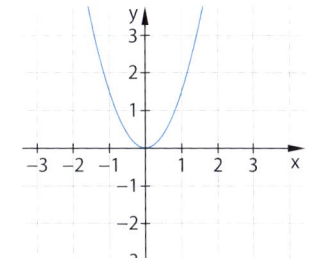 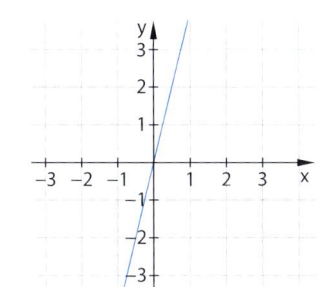

Basisaufgaben

1 Tangentensteigungen: Betrachten Sie den Graphen von f mit $f(x) = x^3 - 6x^2 + 9x$ im Intervall $-0,1 < x < 4$.

Hilfe: Der Funktionswert der Ableitungsfunktion f' an der Stelle x entspricht der Steigung von f an dieser Stelle.

a) Ergänzen Sie die Zahlen und skizzieren Sie passende Tangenten am Graphen f.

① zur x-Achse parallele Tangenten

$f'(\underline{\quad}) = 0 \qquad f'(\underline{\quad}) = 0$

② Tangenten mit positiver Steigung

$f'(x) > 0 \qquad$ für $\underline{\quad} < x < \underline{\quad}$ und $\underline{\quad} < x < \underline{\quad}$

③ Tangenten mit negativer Steigung

$f'(x) < 0 \qquad$ für $\underline{\quad} < x < \underline{\quad}$

b) Skizzieren Sie die Ableitungsfunktion f' mit $f'(x) = 3(x-2)^2 - 3$ mit $S(2|-3)$. Nutzen Sie Ihre Ergänzungen bei Teilaufgabe a.

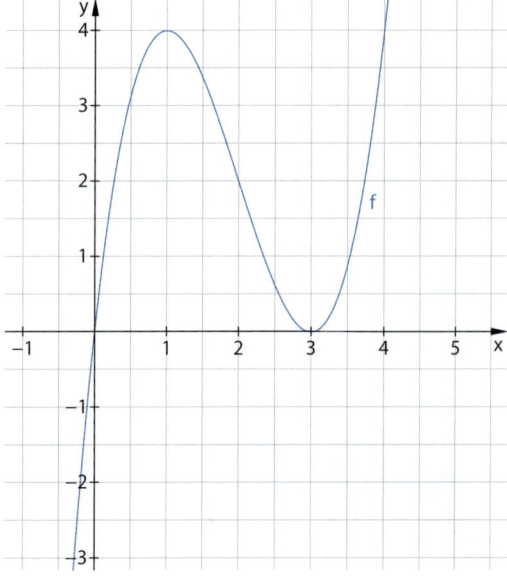

2 In dem Koordinatensystem ist der Graph einer Funktion f abgebildet.

a) Ergänzen Sie ganze Zahlen in der Tabelle.

Hilfe: Zeichnen Sie passende Tangenten an den Graphen von f.

x	0	1	2	3	4	5
f'(x)						

b) Geben Sie passende Teilintervalle für den Graphen im Intervall $0 < x < 5$ an.

$f'(x) > 0 \qquad$ für $\underline{\quad} < x < \underline{\quad}$

$f'(x) < 0 \qquad$ für $\underline{\hspace{4cm}}$

c) Skizzieren Sie den Graphen der Ableitungsfunktion f' im Intervall $0 < x < 5$.

3 Eigenschaften einer Funktion und ihrer Ableitungsfunktion: Verbinden Sie zusammenpassende Paare mit Linien.

Der Graph von f …

Der Graph von f …
ist fallend (Steigung m mit m $\quad$ 0)
parallel zur x-Achse
fällt am steilsten ab
ist steigend (Steigung m mit m $\quad$ 0)
hat einen Extrempunkt
ist eine Gerade
steigt am steilsten an

Der Graph von f' …

Der Graph von f' …
schneidet die x-Achse
verläuft unterhalb der x-Achse
verläuft entlang der x-Achse
hat einen Hochpunkt
verläuft oberhalb der x-Achse
hat einen Tiefpunkt
ist parallel zur x-Achse

4 Graphen von Funktionen und Ableitungsfunktion:

Ordnen Sie dem Graphen der Funktion den der Ableitungsfunktion zu.

Beschriften Sie dazu die Graphen mit f, g, h, k bzw. f', g', h', k'.

Markieren Sie die für Ihre Entscheidung maßgeblichen Punkte auf den Graphen.

Zusatzaufgabe: Begründen Sie Ihre Zuordnungen.

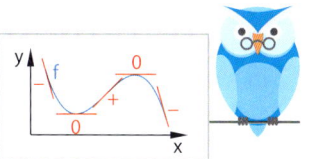

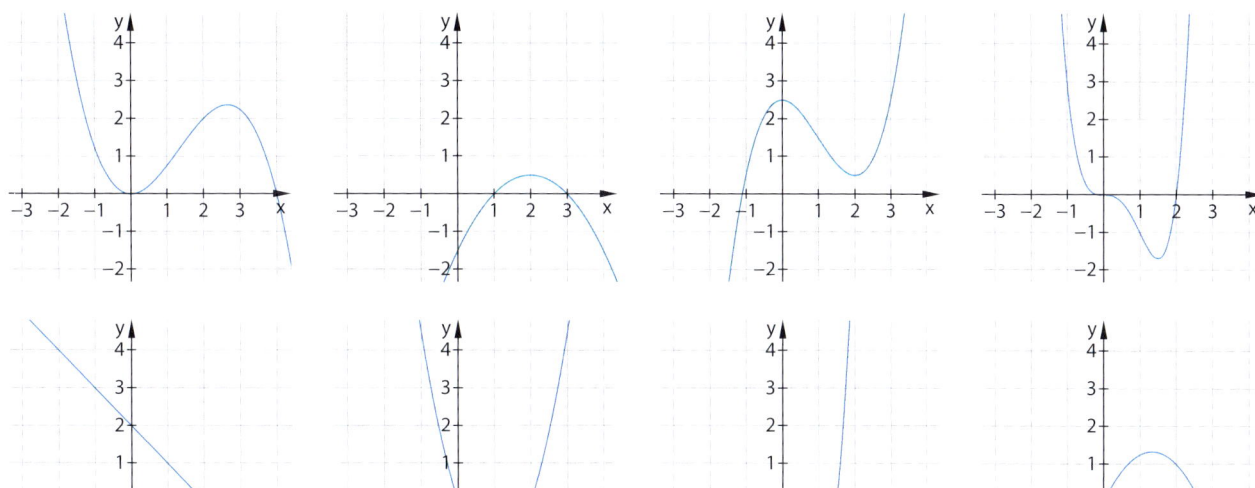

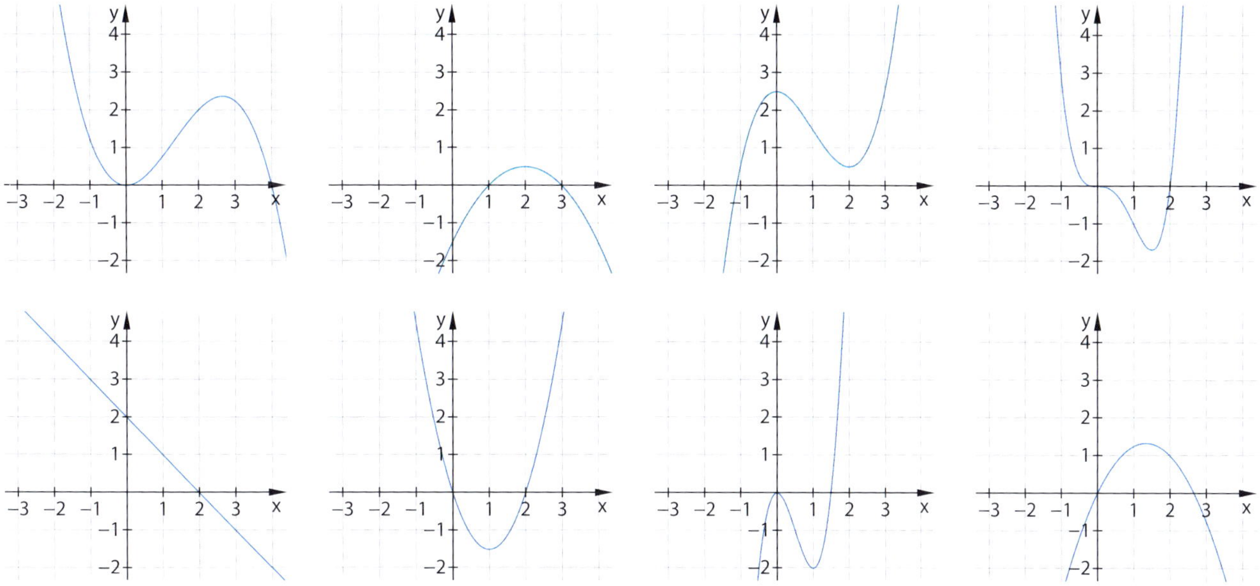

5 Leiten Sie graphisch ab. Skizzieren Sie den Graphen der Ableitungsfunktion f' im Koordinatensystem.

Zusatzaufgabe: Ermitteln Sie auf einem zusätzlichen Blatt zu zwei Teilaufgaben die Ableitungsfunktionen rechnerisch.

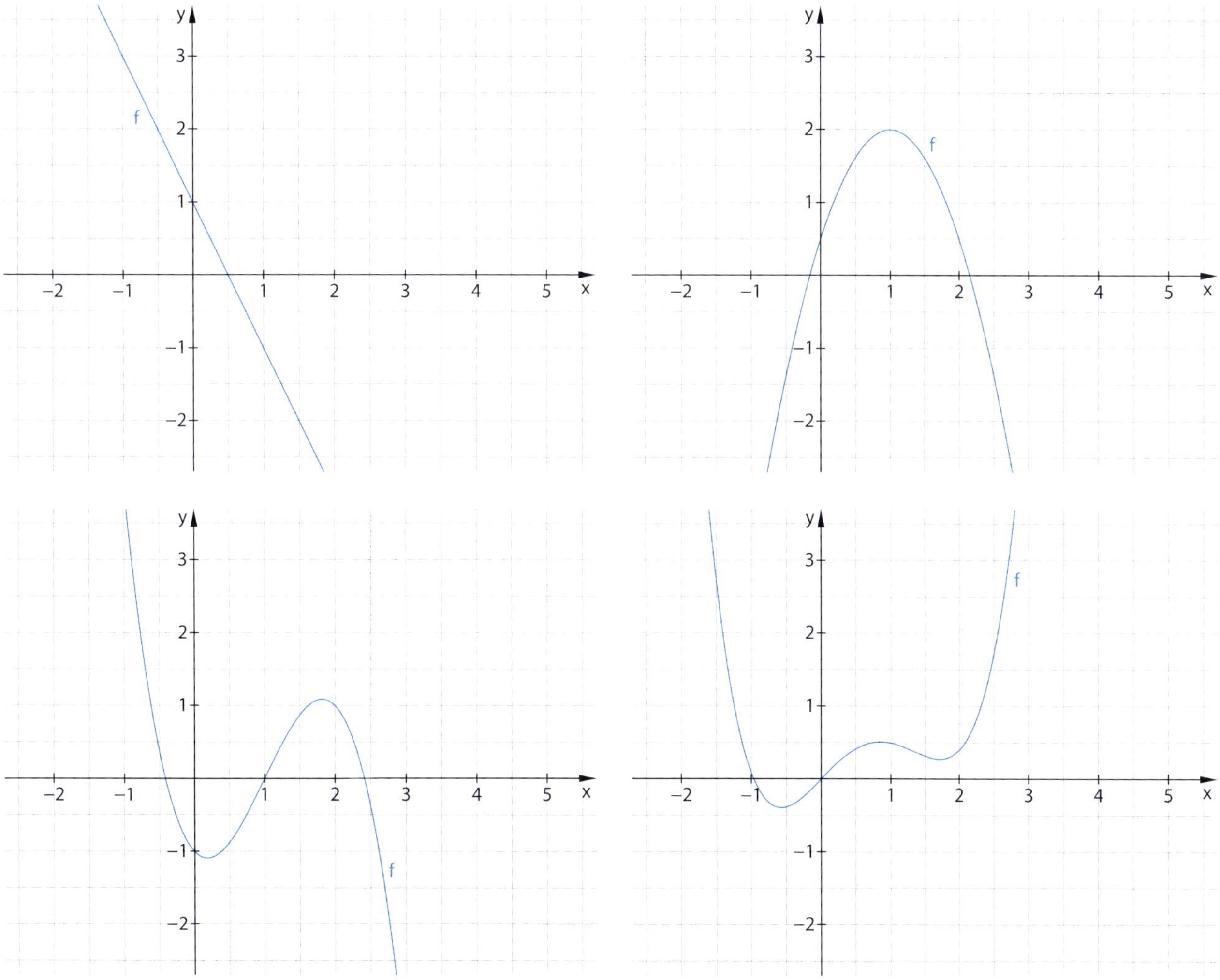

6 Grafisches Ableiten der Sinus- und Kosinusfunktion: Ergänzen Sie zuerst in der Tabelle die Werte für f'(x),
indem Sie geeignete Tangentenanstiege in der grafischen Darstellung ermitteln.
Skizzieren Sie danach mithilfe der Tabelle die Ableitungsfunktion im Koordinatensystem darunter.

Hilfe: Die Beträge der gesuchten Werte der Ableitungsfunktion sind 0; 0,5; 0,87 und 1.

a) Sinusfunktion

x	0	$\frac{1}{6}\pi$	$\frac{1}{3}\pi$	$\frac{1}{2}\pi$	$\frac{2}{3}\pi$	$\frac{5}{6}\pi$	π	$\frac{7}{6}\pi$	$\frac{4}{3}\pi$	$\frac{3}{2}\pi$	$\frac{5}{3}\pi$	$\frac{11}{6}\pi$	2π
f'(x)													

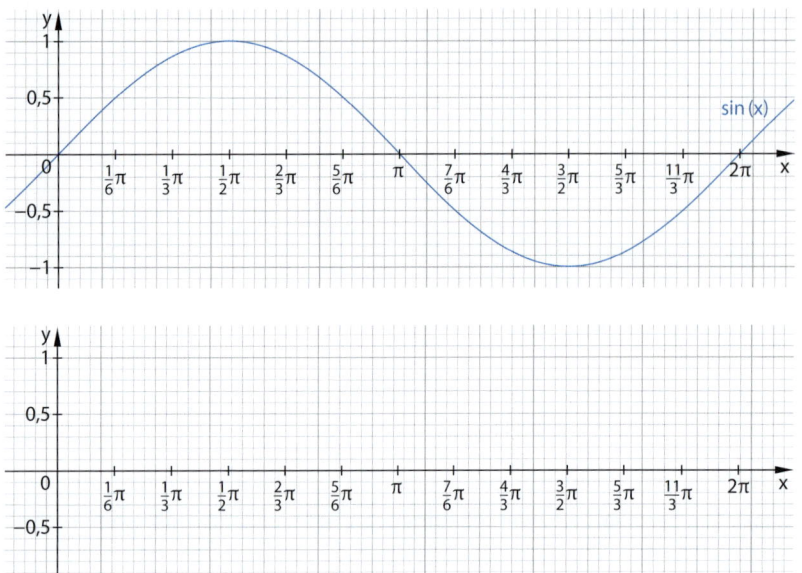

b) Kosinusfunktion

x	0	$\frac{1}{6}\pi$	$\frac{1}{3}\pi$	$\frac{1}{2}\pi$	$\frac{2}{3}\pi$	$\frac{5}{6}\pi$	π	$\frac{7}{6}\pi$	$\frac{4}{3}\pi$	$\frac{3}{2}\pi$	$\frac{5}{3}\pi$	$\frac{11}{6}\pi$	2π
f'(x)													

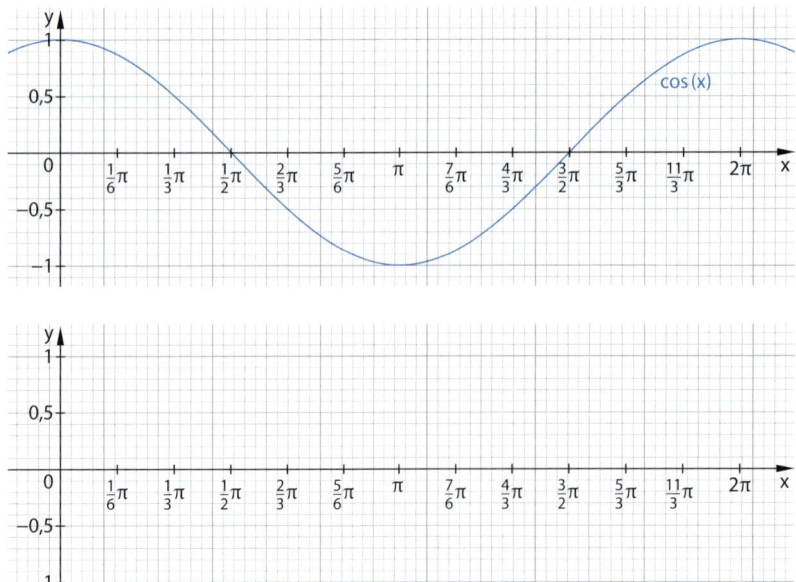

c) Schreiben Sie zu den Ableitungsfunktionen der Sinus- und Kosinusfunktion passende Funktionsgleichungen an
die Graphen bei den Teilaufgaben a und b.

Zusatzaufgabe: Begründen Sie Ihre Entscheidungen.

Weiterführende Aufgaben

7 Die Abbildung zeigt das Weg-Zeit-Diagramm einer Autofahrt.
Auf der Strecke besteht eine Geschwindigkeitsbegrenzung
von $60 \frac{km}{h}$.

a) Berechnen Sie die Durchschnittsgeschwindigkeit im
abgebildeten Intervall in Kilometern pro Stunde.

_____

b) Ermitteln Sie die Steigung des Graphen in $\frac{km}{min}$, die einer
Momentangeschwindigkeit von $60 \frac{km}{h}$ entspricht.

_____

c) Markieren Sie die Teile des Graphen, bei denen die Höchstgeschwindigkeit von $60 \frac{km}{h}$ überschritten wird.

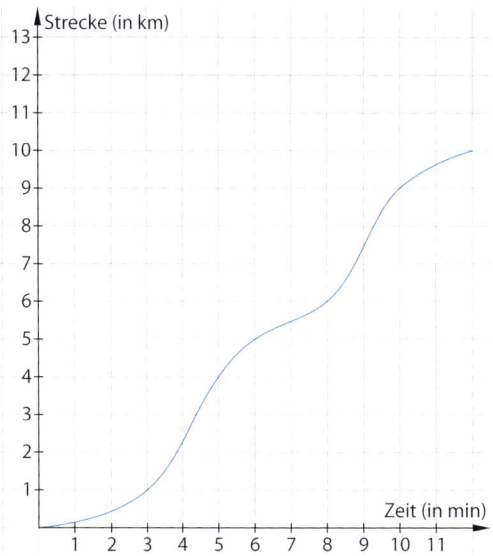

8 Ergänzen Sie zu wahren Aussagen.

Wenn der Graph von f' oberhalb der x-Achse verläuft, dann ist die Steigung von f
_____

Wenn der Graph von f' die x-Achse schneidet, dann hat f an der Stelle
_____

Wenn der Graph von f' eine Parabel ist, dann ist f
_____

Wenn der Graph von f eine Gerade ist, dann verläuft der Graph von f'
_____

Betrachtet man die Funktion g = – f, dann gilt für g':
_____

9 Von einer Funktion sind drei Eigenschaften bekannt.

① f ist eine ganzrationale Funktion.

② f''(x) = 1

③ f'(1) = 0

a) Kreuzen Sie die Graphen an, die zur Funktion f gehören können.

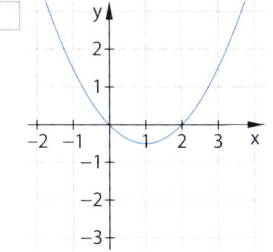 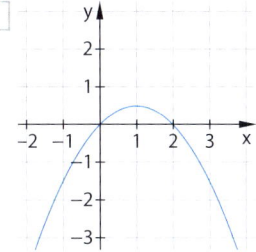 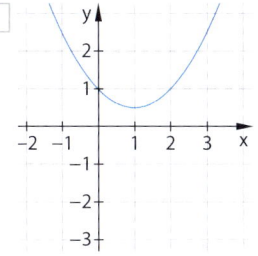 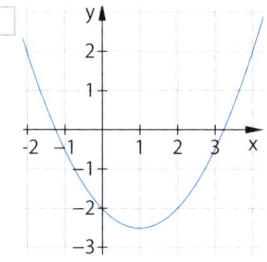

b) Begründen Sie Ihre Entscheidung.

_____

_____

_____

_____

_____

_____

Basisaufgaben

1 Potenzregel: Kreuzen Sie die Ableitungsfunktion der Potenzfunktion mit natürlichen Exponenten an.

Hilfe: Wenn $f(x) = x^n$ ($n \in \mathbb{N}$), dann gilt $f'(x) = n \cdot x^{n-1}$.

a) $f(x) = x^6$ ☐ $f'(x) = 6x^6$ ☐ $f'(x) = 6x^5$ ☐ $f'(x) = 5x^6$

b) $g(x) = x^{13}$ ☐ $g'(x) = 13x^{13}$ ☐ $g'(x) = 13x^{12}$ ☐ $g'(x) = 12x^{13}$

c) $h(x) = x$ ☐ $h'(x) = -x$ ☐ $h'(x) = x^{-1}$ ☐ $h'(x) = 1$

2 Geben Sie die Gleichung der Ableitungsfunktion f' an.

a) $f(x) = x^4$ b) $f(x) = x^{14}$ c) $f(x) = x^{44}$ d) $f(x) = x^{77}$

$f'(x) =$ _____ $f'(x) =$ _____ $f'(x) =$ _____ $f'(x) =$ _____

3 Leiten Sie die Potenzfunktionen mit rationalen Exponenten mithilfe der Potenzregel ab.

Hilfe: Wenn $f(x) = x^r$ ($r \in \mathbb{R}$), dann gilt $f'(x) = r \cdot x^{r-1}$.

f(x)	x^{-10}	x^{-20}	$-x^{-15}$	$x^{-0,1}$	$x^{-\frac{2}{5}}$	$x^{-2,1}$
f'(x)	$-10x^{-11}$					

4 Schreiben Sie den Funktionsterm als Potenz mit der Basis x. Geben Sie die Gleichung der Ableitungsfunktion f' an.

f(x)	$\frac{1}{x^8} = x^{-8}$	$\frac{1}{x^4} =$	$\frac{1}{x^{-6}} =$	$\sqrt[4]{x} = x^{\frac{1}{4}}$	$\sqrt[5]{x^2} =$	$\sqrt[4]{x^3} =$
f'(x)	$-8x^{-9}$					

5 Faktorregel: Geben Sie die Funktion der Ableitungsfunktion an.

Hilfe: Wenn $f(x) = k \cdot g(x)$ mit $k \in \mathbb{R}$, dann gilt $f'(x) = k \cdot g'(x)$.

f(x)	$7x^{-3}$	$-11x^{-2}$	$-\frac{2}{5}x^{-5}$	$4x^{-\frac{1}{2}}$	$-3x^{-\frac{1}{5}}$	$-\frac{2}{3}x^{-\frac{2}{3}}$
f'(x)						

6 Verbinden Sie zusammenpassende Funktionen und deren Ableitungsfunktionen.

$f(x) = 4x^n$ ($n \in \mathbb{N}$) $f(x) = x^{2n}$ ($n \in \mathbb{N}$) $f(x) = -x^{n+7}$ ($n \in \mathbb{N}$) $f(x) = -1,5x^{20}$

$f'(x) = -(n+7) \cdot x^{n+6}$ $f'(x) = 4n \cdot x^{n-1}$ $f'(x) = 3x^{20}$ $f'(x) = -30x^{19}$ $f'(x) = 2n \cdot x^{2n-1}$

Zusatzaufgabe: Eine Ableitungsfunktion f' bleibt übrig. Geben Sie dazu die Gleichung einer zugehörigen Funktion f an.

7 Korrigieren Sie, wenn nötig, die Ableitungsfunktion in der unteren Zeile.

f(x)	$2x^2$	$\frac{1}{5}x^5$	$\frac{1}{5x^5}$	$2x^{-7}$	$\frac{1}{\sqrt{x}}$	$2\sqrt[3]{x}$
f'(x)	x	x^4	$\frac{1}{x^4}$	$-2\frac{1}{7x^8}$	$-\frac{1}{2}x^{-\frac{3}{2}}$	$2\frac{1}{3\sqrt[3]{x^2}}$

Zusatzaufgabe: Nennen Sie naheliegende Fehlerursachen.

8 Summenregel: Leiten Sie die Funktion ab.

Multiplizieren Sie, wenn nötig, den Funktionsterm aus.

Hilfe: Wenn $f(x) = g(x) + k(x)$, dann gilt $f'(x) = g'(x) + k'(x)$.

a) $f(x) = x^3 + x^{17}$

$f'(x) = $ _____

b) $f(x) = x^4 + 4x^2$

$f'(x) = $ _____

c) $f(x) = 8x^5 + 4x^{-4}$

$f'(x) = $ _____

d) $f(x) = 7x^5 - 6x^3 + 7x - 4$

$f'(x) = $ _____

e) $f(x) = \dfrac{(x+4)^2}{2} = $ _____

$f'(x) = $ _____

f) $f(x) = \dfrac{1}{x}(3x^5 - 2x^4 + x^2) = $ _____

$f'(x) = $ _____

g) $f(x) = x^2(4x - 7) = $ _____

$f'(x) = $ _____

h) $f(x) = r(sx^2 - tx + u) = $ _____

$f'(x) = $ _____

9 Ergänzen Sie zuerst die Ableitungsfunktionen g', h' sowie k' und danach die Tabelle.

$g(x) = x^5$

$g'(x) = $ _____

$h(x) = 3 \cdot \dfrac{1}{x^4}$

$h'(x) = $ _____

$k(x) = \sqrt[3]{x^5}$

$k'(x) = $ _____

Funktion f	Struktur von f	Ableitungsfunktion f'
$x^5 + \sqrt[3]{x^5}$	$g(x) + k(x)$	$5x^4 + 1\frac{2}{3}x^{\frac{2}{3}}$
$x^5 - 3 \cdot \frac{1}{x^4}$		
$\sqrt[3]{x^5} + 3 \cdot \frac{1}{x^4}$		
$x^5 + 3 \cdot \frac{1}{x^4} - 0{,}5x^2$		
$3 \cdot \frac{1}{x^4} - \sqrt[3]{x^5} + x$		
	$g(x) - k(x)$	
	$g(x) + h(x)$	
		$\frac{5}{3}x^{\frac{2}{3}} + 12x^{-5} + 5x^4$

10 Verbinden Sie jede Funktion mit ihrer Ableitungsfunktion.

$f(x) = 3x^4 + 2x^3 + x^2$

$f(x) = 3x^4 - 3x^2 + 2x$

$f(x) = x^{-1}(3x^4 + 2x^2 + x^3)$

$f(x) = x(3x^3 + 2x^2 - x^{-2})$

$f'(x) = 12x^3 + 6x^2 + x^{-2}$

$f'(x) = 12x^3 + 6x^2 - 2x$

$f'(x) = 12x^2 + 4x + 3$

$f'(x) = 12x^3 + 6x^2 + 2x$

$f'(x) = 9x^2 + 2x + 2$

$f'(x) = 15x^4 + 4x^3 + 6x^2$

$f'(x) = 12x^3 - 6x + 2$

$f'(x) = 12x^3 + 3x^2$

11 Die Ableitungen sind fehlerhaft. Korrigieren Sie zuerst die Ableitung.
Geben Sie eine mögliche Fehlerursache an.

$f(x) = x^r$	$f'(x) = r \cdot x^{r-1}$
$g(x) = c$	$g'(x) = 0$
$m(x) = \sin(x)$	$m'(x) = \cos(x)$
$n(x) = \cos(x)$	$n'(x) = -\sin(x)$
$j(x) = k(x) + l(x)$	$j'(x) = k'(x) + l'(x)$

a) $f(x) = 3x^2(x-4)$ $f'(x) = 9x^2 - 8x$ $f'(x) =$ _____

_____

b) $f(x) = (x+2)(x+6)$ $f'(x) = 2x + 20$ $f'(x) =$ _____

_____

c) $f(x) = 5(x^2-2)(x^2+2)^2$ $f'(x) = 5(6x^6 + 24x^4 + 24x^2)$ $f'(x) =$ _____

_____

d) $9x^4 - 3x^{-3} - 6\cos(x)$ $f'(x) = 36x^3 - 9x^{-2} - 6\sin(x)$ $f'(x) =$ _____

_____

12 **Ableitung an einer Stelle:** Bestimmen Sie die Ableitung (Steigung) an der Stelle.

a) $f(x) = 0{,}1x^5$

    $f'(x) =$ _____

    $f'(0) =$ _____

    $f'(2) =$ _____

b) $f(x) = 6x^3 + 3x - 7$

    $f'(x) =$ _____

    $f'(0) =$ _____

    $f'(2) =$ _____

c) $f(x) = \dfrac{x^6 + x^2}{x^3} =$ _____

    $f'(x) =$ _____

    $f'(1) =$ _____

    $f'(-2) =$ _____

d) $f(x) = (\sqrt{x} + 3)^2 =$ _____

    $f'(x) =$ _____

    $f'(4) =$ _____

    $f'(9) =$ _____

13 Markieren Sie alle zu einer Funktion passenden Karten mit der gleichen Farbe (oder dem gleichen Symbol).

$f(x) = 2x^3$	$f(x) = 2x^3 - x$	$f(x) = 2x^3 + x^2$	$f(x) = x^2 + \cos(x)$
$f(x) = -3x^2$	$f(x) = 3x^2 + 3x$	$f(x) = 3x^2 + 3x^3$	$f(x) = x^{-2} - \sin(30°)$

$f'(x) = 6x^2$	$f'(x) = -2x^{-3}$	$f'(x) = 6x^2 + 2x$	$f'(x) = 6x^2 - 1$
$f'(x) = -6x$	$f'(x) = 6x + 9x^2$	$f'(x) = 6x + 3$	$f'(x) = 2x - \sin(x)$

$f'(-4) = -21$	$f'(5) = 255$	$f'(4) = 96$	$f'(5) = 149$	$f'(-2) = 0{,}25$
$f'(-5) = 195$	$f'(\pi) = 2\pi$	$f'(-5) = 149$	$f'(-5) = 30$	$f'(4) = 104$	$f'(1) = 8$

Weiterführende Aufgaben

14 Ableitungsregeln mit Abkürzungen angeben

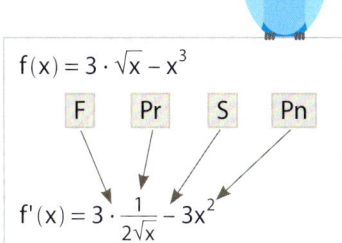

a) Ergänzen Sie die vier Abkürzungen der Ableitungsregeln.

_____ Potenzregel für natürliche Exponenten _____ Faktorregel

_____ Potenzregel für rationale Exponenten _____ Summenregel

b) Geben Sie an, in welcher Reihenfolge die Ableitungsregeln angewandt wurden.

_____

_____

Zusatzaufgabe: Finden Sie eine weitere Möglichkeit.

c) Leiten Sie ab und ergänzen Sie die Kürzel der angewandten Regeln. Vergeben Sie, wenn nötig, weitere Kürzel.

① $f(x) = 7 \cdot x^4 + x^{-3}$ ② $f(x) = \frac{2}{3} \cdot \sin(x) + 2 \cdot \sqrt{x}$

$f'(x) =$ _____ $f'(x) =$ _____

15 Bestimmen Sie die Ableitung.

Bringen Sie dazu zuerst die Funktionsterme in eine geeignete Form.

$f(x) = \frac{1}{x} \cdot (x - 1) \cdot (x^2 + 3x)$ $(x \neq 0)$

$f(x) = \frac{1}{x} \cdot ($ _____ $) =$ _____

$f'(x) =$ _____

16 Wird der Graph einer Funktion f um a nach rechts in Richtung der x-Achse verschoben,

so entsteht der Graph einer neuen Funktion g mit dem Funktionsterm $g(x) = f(x - a)$.

a) Gilt für die Ableitungsfunktion von g: $g'(x) = f'(x - a)$?

Begründen Sie Ihre Meinung.

_____

_____

_____

b) Zeigen Sie die Gültigkeit der neuen Ableitungsregel aus **a** am Beispiel der Funktion f mit $f(x) = 3x^2$.

Leiten Sie dazu die um 5 Einheiten nach rechts in Richtung der x-Achse verschobene Funktion zuerst mit der neuen Regel aus **a** und danach mit den vorher bekannten Regeln ab.

_____

_____

_____

1 Kreuzen Sie Zutreffendes an.

a) $f(x) = x^{11}$ ☐ $f'(x) = x^{10}$ ☐ $f'(x) = x^{12}$ ☐ $f'(x) = 11x$ ☐ $f'(x) = 11x^{10}$

b) $f(x) = x^{-9}$ ☐ $f'(x) = -9x^{-8}$ ☐ $f'(x) = -9x^{-10}$ ☐ $f'(x) = 9x^8$ ☐ $f'(x) = 9x^{-8}$

c) $f(x) = -7x^{-2}$ ☐ $f'(x) = 14x^{-3}$ ☐ $f'(x) = -14x^{-3}$ ☐ $f'(x) = -9x^{-1}$ ☐ $f'(x) = 5x^{-1}$

d) $f(x) = \sin(x)$ ☐ $f'(x) = \cos(x)$ ☐ $f'(x) = -\cos(x)$ ☐ $f'(x) = \sin(x)$ ☐ $f'(x) = -\sin(x)$

e) $f(x) = x + 1$ ☐ $f'(x) = 1$ ☐ $f'(x) = 0{,}5x$ ☐ $f'(x) = x$ ☐ $f'(x) = 2$

f) $f(x) = \sqrt[4]{x}$ ☐ $f'(x) = -4x^{-3}$ ☐ $f'(x) = 0{,}25x^{-4}$ ☐ $f'(x) = 0{,}25x^{-0{,}75}$ ☐ $f'(x) = -0{,}25x^{0{,}75}$

2 Gegeben ist die Funktion f mit $f(x) = x^3 + 1$.
Es sind Intervalle von f und mittlere Änderungs-
raten gegeben.
Verbinden Sie zusammenpassende Karten.

$I = [-2; -1]$ $I = [-1; 0]$ $I = [0; 2]$ $I = [-1; 2]$

$m = 1$ $m = 4$ $m = 3$ $m = 7$ $m = -8$

3 Kreuzen Sie alle Ergänzungen an, durch die man wahre Aussagen erhält.
Gegeben sind die Punkte $A(a|f(a))$, $B(b|f(b))$ und $P(x|f(x))$.

Der Differenzenquotient $\frac{f(b) - f(a)}{b - a}$ der Funktion f im Intervall $[a; b]$ gibt … an.

☐ die lokale Änderungsrate

☐ die mittlere Änderungsrate

☐ die Steigung der Passante durch A und B

☐ die Steigung der Tangenten von A und B

☐ die Steigung der Sekante durch A und B

Der Wert des Differenzenquotienten $\frac{f(x) - f(x_0)}{x - x_0}$ für $x \to x_0$ gibt … an.

☐ die lokale Änderungsrate an der Stelle x_0

☐ die lokale Änderungsrate an der Stelle x

☐ die mittlere Änderungsrate im Intervall $[x; x_0]$

☐ die Steigung der Tangente im Punkt $P(x_0|f(x_0))$

☐ die Steigung der Sekante durch x

4 Gegeben ist der Graph der Funktion f mit $f(x) = x^2 - 3x$.
Kreuzen Sie Zutreffendes an und zeichnen Sie passende Geraden
im Koordinatensystem ein.

a) Die mittlere Änderungsrate ist -4 im Intervall …
☐ $[-1; 0]$ ☐ $[0; 1{,}5]$ ☐ $[1{,}5; 3]$ ☐ $[3; 4]$

b) Die mittlere Änderungsrate m ist im Intervall $[0; 4]$ …
☐ $m = 0$ ☐ $m = -1$ ☐ $m = 1$ ☐ $m = 4$

c) Die Steigung der Sekante durch den Ursprung und den
Punkt $A(2|-2)$ ist …
☐ -1 ☐ 0 ☐ 1 ☐ 2

d) Die lokale Änderungsrate ist 0 an der Stelle …
☐ $x = 0$ ☐ $x = 1{,}5$ ☐ $x = 3$ ☐ $x = 4{,}2$

e) Die lokale Änderungsrate ist 1 an der Stelle …
☐ $x = -1$ ☐ $x = 0$ ☐ $x = 1$ ☐ $x = 2$

f) Die Ableitungsfunktion von f ist f' mit …
☐ $f'(x) = x - 2$ ☐ $f'(x) = 2x$ ☐ $f'(x) = 3x - 2$ ☐ $f'(x) = 2x - 3$

g) Die Steigung der Sekante durch die Punkte $P(3|0)$ und $Q(-1|4)$ kann berechnet werden mit …
☐ $\frac{3 - (-1)}{0 - 4}$ ☐ $\frac{-1 - 3}{4 - 0}$ ☐ $\frac{4 - 0}{-1 - 3}$ ☐ $\frac{0 - 4}{3 - (-1)}$

5 Ergänzen Sie die Tabelle.

Funktion	$f(x) = -1$	$g(x) = x^{-1}$	$h(x) = 4x^2 + 7x$	$k(x) = 0,5x^4 + x^3$
Ableitungsfunktion				
Ableitung an der Stelle $x = 0$				
Ableitung an der Stelle $x = 2$				

6 Gegeben ist die Funktion f mit $f(x) = \frac{1}{3}x^3 - 3x^2 + 5x$.

a) Geben Sie zuerst die Ableitungsfunktion f' an.
Ermitteln Sie danach eine Gleichung der Tangente t_A von f im Punkt $A(0|0)$.

_____

b) Die Tangente t_B hat die gleiche Steigung wie die Tangente t_A im Punkt $A(0|0)$.
Ermitteln Sie den Berührpunkt B und eine Gleichung von t_B.

_____

_____

c) Es gibt genau eine Stelle, an der der Graph von f die Steigung -4 hat.
Bestimmen Sie eine Gleichung der zugehörigen Tangente t.

_____

_____

d) Bestimmen Sie die x-Koordinaten der Punkte des Graphen von f, in denen der Graph Tangenten besitzt,
die parallel zur x-Achse verlaufen.

_____

7 Das Kreisviadukt von Brusio in der Schweiz hat einen Maximalanstieg von 7 %,
damit die eingesetzten Züge den „Aufstieg" schaffen können.
Anstieg von 7 % bedeutet, dass je 100 m horizontaler Entfernung 7 m in
vertikaler Entfernung zurückgelegt werden.

a) Gedankenexperiment: Stellen Sie sich eine Bahntrasse mit einem Anstieg
von 7 % als Gerade in einem Koordinatensystem vor.
Geben Sie die Steigung m und den Steigungswinkel α der Geraden an.

_____

b) Gedankenexperiment: Stellen Sie sich vor, dass eine Bahntrasse mit einer
Maximalsteigung von 7 % zu bauen ist.
Die Funktionsgleichungen f_1, f_2 und f_3 beschreiben für $x > 0$ vorhandene
Höhenunterschiede. Ermitteln Sie rechnerisch, bei welcher Variante die
Bedingung am längsten erfüllt ist.

Variante ①: $f_1(x) = 0,00005x^2$
Variante ②: $f_2(x) = 0,000005x^3 + 7$
Variante ③: $f_3(x) = 0,0000005x^3 + 0,05x^2$

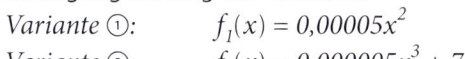

_____

Basisaufgaben

1 Monotonie einer Funktion: Betrachten Sie den Graphen der Funktion f im Intervall -3 < x < 3.

Hilfe: f heißt streng monoton fallend, wenn für alle $x_1 < x_2$ gilt: $f(x_1) > f(x_2)$.

f heißt streng monoton steigend, wenn für alle $x_1 < x_2$ gilt: $f(x_1) < f(x_2)$.

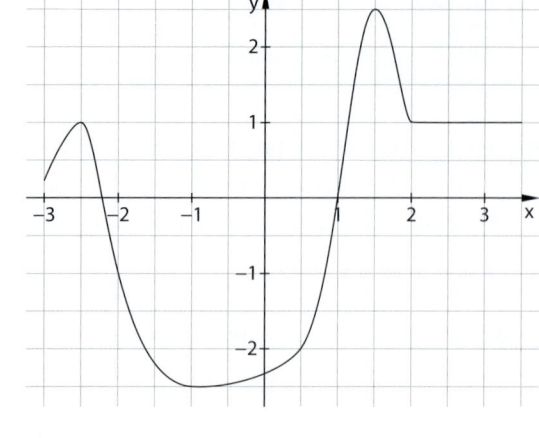

a) Färben Sie Teile des Graphen passend ein.

☐ f ist streng monoton steigend.

☐ f ist streng monoton fallend.

b) Geben Sie alle passenden Intervalle an.

① f ist streng monoton steigend für

_____ < x < _____ und _____

② f ist streng monoton fallend für

_____

c) Zeichnen Sie Tangenten ein und kreuzen Sie Zutreffendes an.

Teile der Tangente am Graphen der Funktion f verlaufen sowohl durch den I. als auch den III. Quadranten, somit ist f an der Stelle streng monoton steigend.   ☐ wahr   ☐ falsch

Teile der Tangente am Graphen der Funktion f verlaufen sowohl durch den II. als auch den IV. Quadranten, somit ist f an der Stelle streng monoton fallend.   ☐ wahr   ☐ falsch

2 Monotonieintervalle und Kriterium für Monotonie: Gegeben sind Graphen.

Hilfe: Wenn $f'(x) < 0$ für alle x aus dem Intervall I, dann ist die Funktion f streng monoton fallend auf I.

Wenn $f'(x) > 0$ für alle x aus dem Intervall I, dann ist die Funktion f streng monoton steigend auf I.

Die Nullstellen der Ableitungsfunktion f' unterteilen den Definitionsbereich von f in Monotonieintervalle.

a) Markieren Sie zuerst durch zur y-Achse parallele Geraden die Wechsel von streng monoton fallend zu steigend und die Wechsel von streng monoton steigend zu fallend am Graphen der Funktion f.

Färben Sie danach auf der x-Achse die Intervalle, in denen die Ableitungsfunktion f' nur positive bzw. nur negative Werte annimmt, unterschiedlich ein.

☐ $f'(x) > 0$ und f ist streng monoton steigend.   ☐ $f'(x) < 0$ und f ist streng monoton fallend.

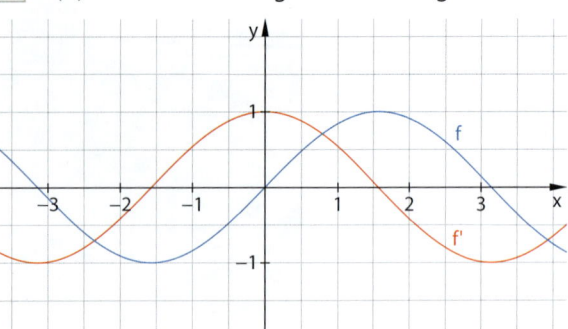   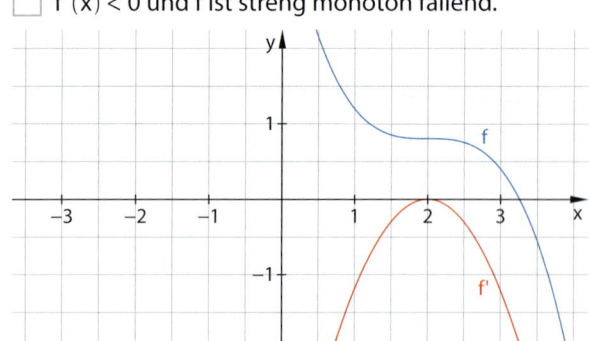

b) Einer der Graphen gehört zur Funktion f. Beschriften Sie diesen mit f.

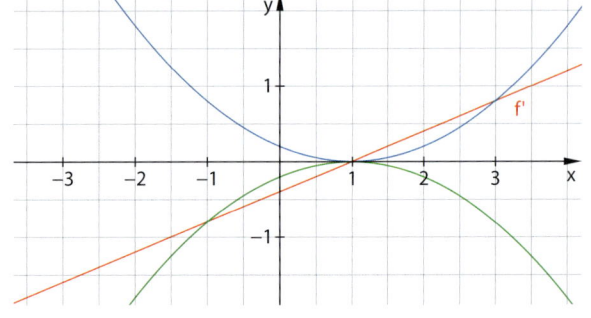   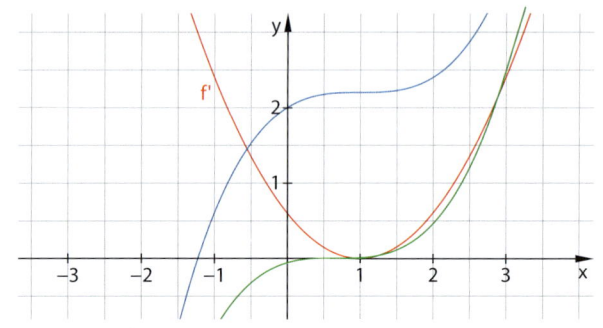

3 Untersuchen Sie die Funktion mithilfe der Ableitung auf Monotonie.

a) $f(x) = 0{,}25x^4 + 2x^3 + 2{,}5x^2 + 1$

b) $g(x) = -0{,}75x^4 + 4x^3 + 31{,}5x^2 + 6$

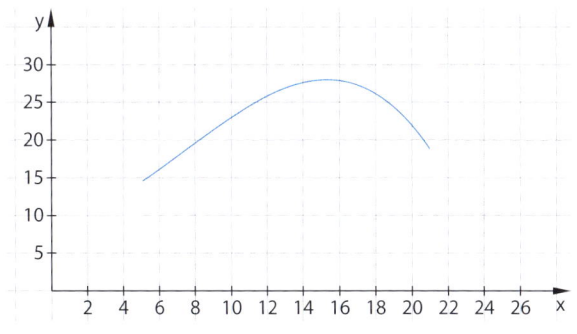

1. Ermitteln der Ableitung von f'

$f'(x) =$ _____

$g'(x) =$ _____

2. Ermitteln der Nullstellen von f'

$0 =$ _____

$0 =$ _____

$0 = x \cdot ($ _____ $)$, also ist $x_1 =$ _____

_____

$x_2 =$ _____

$x_2 =$ _____

$x_3 =$ _____

$x_3 =$ _____

3. Ermitteln des Vorzeichens (VZ) von f'(x) für eine Teststelle aus jedem Monotonieintervall und angeben, ob f auf I streng monoton steigt (↗) oder fällt (↘)

Monotonie-intervall	Test-stelle	VZ von f'(x)	Monotoniever-halten von f
$x < -5$	-10	$-$	↘
$-5 < x <$	-2		
	$-0{,}5$		
		$+$	

Monotonie-intervall	Test-stelle	VZ von f'(x)	Monotonie-verhalten von f
		$+$	
		$-$	

Zusatzaufgabe: Skizzieren Sie einen möglichen Verlauf der Graphen f und g.

Weiterführende Aufgaben

4 Den Temperaturverlauf von 6:00 Uhr bis 21:00 Uhr an einem Sommertag beschreibt der Graph der Funktion f mit
$f(t) = -\frac{1}{100} \cdot t^3 + \frac{23}{100} \cdot t^2 + 10$.

a) Markieren Sie die Bereiche, in denen die Temperatur steigt bzw. fällt, mit unterschiedlichen Farben.

☐ Temperatur steigt   ☐ Temperatur fällt

b) Berechnen Sie den Zeitpunkt, an dem sich das Monotonieverhalten ändert, auf die Minute genau.

$f'(t) =$ _____

Nullstelle von f':

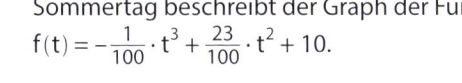

49

Basisaufgaben

1 Extrempunkte (Hoch- und Tiefpunkte): Gegeben ist der Graph der Funktion f.

a) Ergänzen Sie die Tabelle zum Graphen der Funktion f.

b) Skizzieren Sie je eine Tangente links und rechts in der Umgebung der Extrempunkte. Geben Sie dort die Vorzeichen der Ableitung am Graphen an.

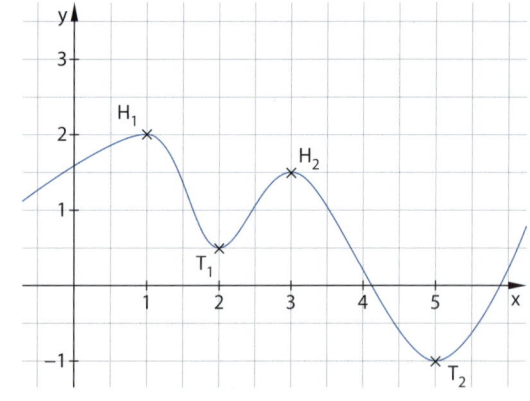

Extremstelle	x = 1			
Hochpunkt			H_2	
lokales Maximum				
Tiefpunkt			T_2	
lokales Minimum				

2 Notwendige Bedingung für lokale Extrempunkte: Berechnen Sie mithilfe der Ableitungsfunktion f' die Stellen, die als Extremstellen infrage kommen.

Hilfe: Wenn der Graph einer Funktion f an der Stelle x_E einen Hochpunkt oder Tiefpunkt hat, dann gilt $f'(x_E) = 0$.

a) $f(x) = x^2 - 4x + 4$

$f'(x) = $ _____

$0 = $ _____

$x = $ _____

_____

b) $g'(x) = -x^3 + 3x^2 + 2$

c) $h(x) = 0{,}25x^4 + \frac{1}{3}x^3 - x^2$

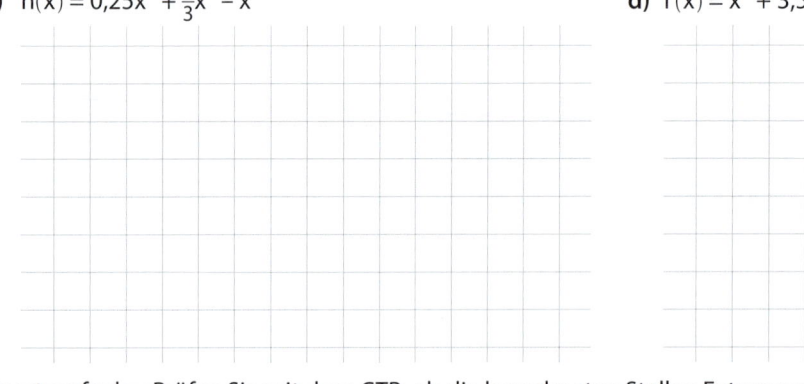

d) $i'(x) = x^3 + 3{,}5x^2 + 3{,}5x + 1$

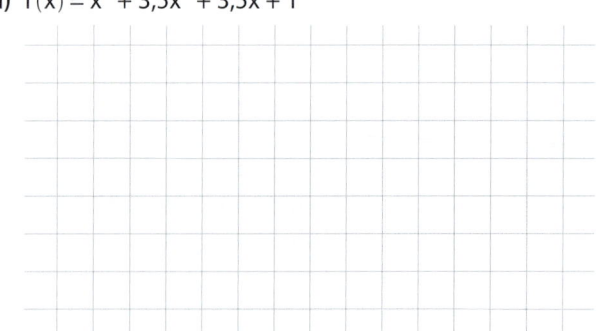

Zusatzaufgabe: Prüfen Sie mit dem GTR, ob die berechneten Stellen Extrempunkte (keine Sattelpunkte) sein können.

3 Ordnen Sie jedem Extrempunkt genau eine Funktion und ihre Ableitungsfunktion zu. Nutzen Sie keinen GTR o. Ä. Achtung, einer der Punkte ist ein Sattelpunkt.

| P (1 | −2) | | Q (−1 | 0) | | R (−1 | 2) | | S (0 | 1) | | T (0 | 0) | | U (9 | −546,75) | | V (1 | 0) |

$f(x) = 9x + 10$ $f(x) = 9x^2$ $f(x) = x^3 - 3x$ $f(x) = x^4 - 2x^2 + 1$ $f(x) = 0{,}25x^4 - 3x^3$

$f'(x) = 9$ $f'(x) = x^3 - 9x^2$ $f'(x) = 18x$ $f'(x) = 4x^3 - 4x$ $f'(x) = 3x^2 - 3$

4 **Hinreichende Bedingung für lokale Extrempunkte:** Entscheiden Sie mithilfe des Vorzeichenwechsels (VZW) von f',
ob an der Stelle x_E ein Minimum oder ein Maximum vorliegt.
Füllen Sie die Lücken aus und kreuzen Sie Zutreffendes an.

Hilfe: Tiefpunkt an der Stelle x_E: $f'(x_E) = 0$ und das Vorzeichen von f' wechselt an der Stelle x_E von − nach +.
Hochpunkt an der Stelle x_E: $f'(x_E) = 0$ und das Vorzeichen von f' wechselt an der Stelle x_E von + nach −.

a) $f(x) = x^3 + 10,5x^2 + 18x$ $\qquad$ $f'(x) = 3x^2 + 21x + 18$ $\qquad$ $x_1 = -1$ und $x_2 = -6$ sind vermutlich Extremstellen.

x	−2	−1	0
f'(x)		0	

x		−6	
f'(x)			

☐ VZW von − nach + $\qquad$ ☐ VZW von + nach − $\qquad$ ☐ VZW von − nach + $\qquad$ ☐ VZW von + nach −
  (Tiefpunkt bei −1) $\qquad$ (Hochpunkt bei −1) $\qquad$ (Tiefpunkt bei − 6) $\qquad$ (Hochpunkt bei − 6)

b) $g(x) = x^5 - 1,25x^4$ $\qquad$ $f'(x) = $ _____

x			
f'(x)			

x			
f'(x)			

☐ VZW von − nach + $\qquad$ ☐ VZW von + nach − $\qquad$ ☐ VZW von − nach + $\qquad$ ☐ VZW von + nach −
  (Tiefpunkt bei 0) $\qquad$ (Hochpunkt bei 0) $\qquad$ (Tiefpunkt bei 1) $\qquad$ (Hochpunkt bei 1)

Zusatzaufgabe: Zeichnen Sie die Graphen mit dem GTR. Vergleichen Sie damit Ihre Ergebnisse.

5 **Extrem- und Sattelpunkte:** Vergleichen Sie die Vorzeichenwechsel (VZW) von f'.
  a) Geben Sie die Extrem- und Sattelpunkte in der Tabelle an.
  b) Schreiben Sie die Vorzeichen der Ableitung links und rechts in
  der Umgebung der Punkte an den Graphen.
  Ergänzen Sie in der Tabelle die letzte Zeile zum VZW.

Hochpunkte	Tiefpunkte	Sattelpunkte
$H_1(0,5 \vert 2,5)$		
VZW	VZW	VZW

6 **Hinreichende Bedingung für Sattelpunkte:** Entscheiden Sie mithilfe des Vorzeichenwechsels von f', ob x_S Sattelstelle
ist. Geben Sie gegebenenfalls den Sattelpunkt an.

Hilfe: x_S ist Sattelstelle, wenn $f'(x_S) = 0$ ist und das Vorzeichen von f' an der Stelle x_S nicht wechselt.

a) $f(x) = x^5 + 9$ $\qquad$ $f'(x) = $ _____

x			
f'(x)			

b) $f(x) = 0,5x^3 - 1,5x^2 + 1,5x$ $\qquad$ $f'(x) = $ _____

x			
f'(x)			

Zusatzaufgabe: Zeichnen Sie die Graphen mit dem GTR. Vergleichen Sie damit Ihre Ergebnisse.

7 Geben Sie eine Funktion mit dem Sattelpunkt $S(0 \vert 1)$ an.

_____

8 Entscheiden Sie, ob an den Nullstellen von f' ein Hoch-, Tief- oder Sattelpunkt bei f vorliegt.

$f'(x) = 5x \cdot (x - 3) \cdot (x + 8) \cdot (x - 1)^2$

Faktor		5x		
Nullstelle				
VZW bei f' an der Nullstelle		von + nach −		
Art des Punktes				

9 Ergänzen Sie die fehlenden Beschriftungen f, f', g, g', h, h', i und i'.

Markieren Sie die dabei hilfreichen Punkte, Stellen … in den Koordinatensystemen.

Graphen von Ableitungsfunktionen

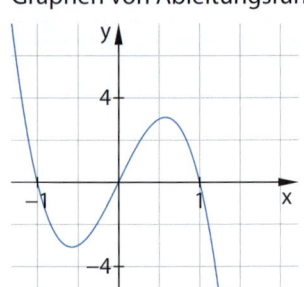 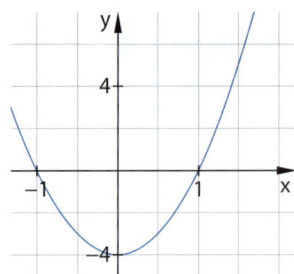 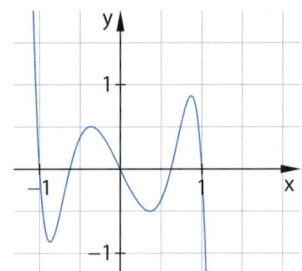 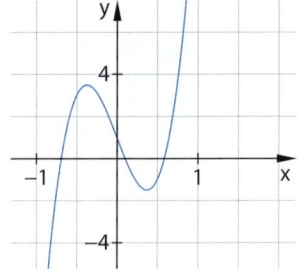

Graphen von Funktionen

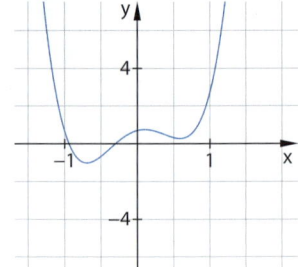 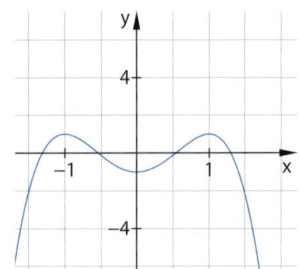 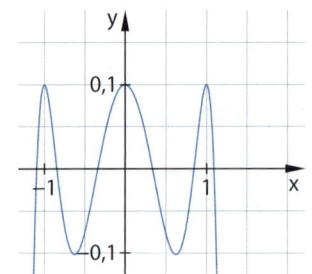 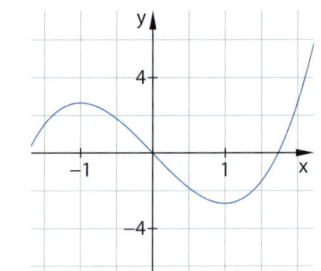

10 Berechnen Sie zuerst alle Extrem- und Sattelpunkte des Graphen von f mit $f(x) = 3x^4 - 8x^3 + 6x^2$.

Skizzieren Sie danach mithilfe Ihrer Ergebnisse den Graphen von f.

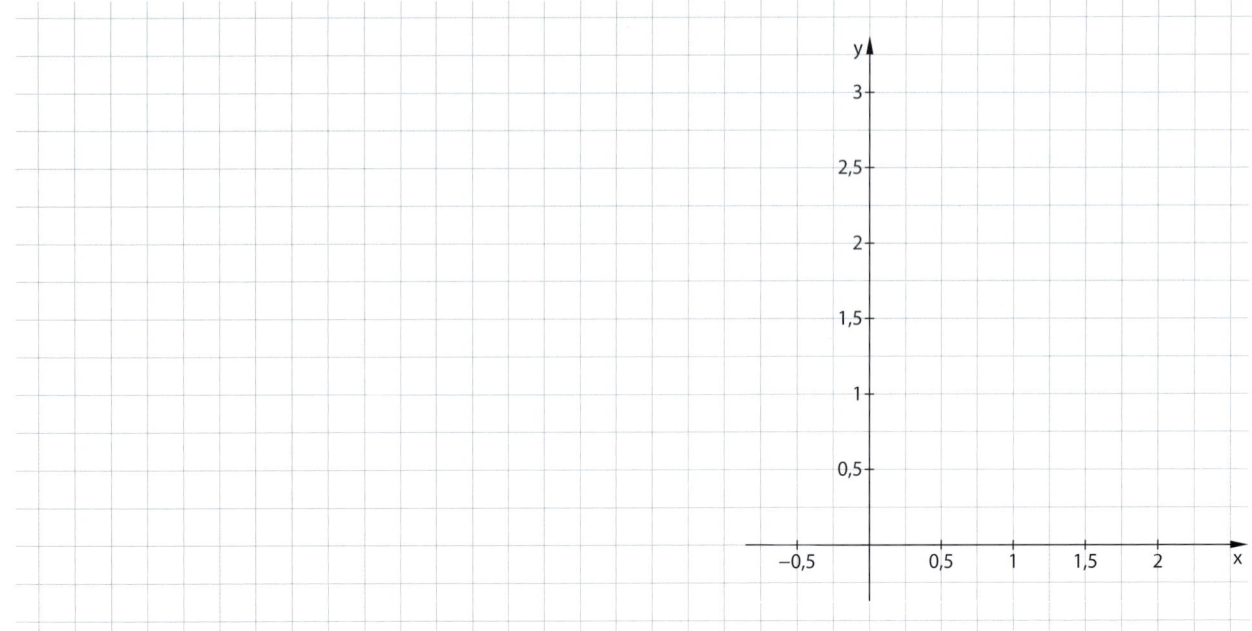

Weiterführende Aufgaben

11 Gegeben sind Graphen von Ableitungsfunktionen f'. Überlegen Sie zuerst, welche Punkte des Graphen von f' beim Skizzieren des Graphen von der Funktion f besonders hilfreich sind.

Skizzieren Sie danach den Graphen der Funktion f so, dass er durch den Punkt $(0\,|\,1)$ verläuft.

a)

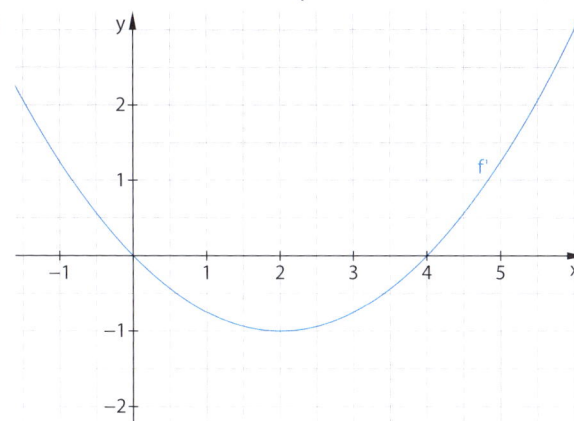

b)

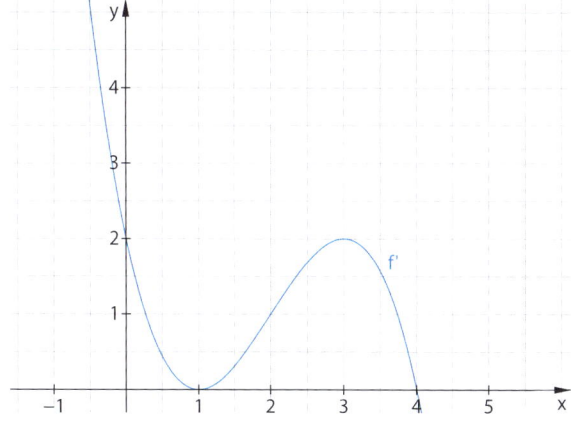

12 Die Funktion f mit $f(t) = -2t^3 + 75t^2 - 864t + 3159$ beschreibt für $9 \le t \le 19{,}5$ näherungsweise die Besucherzahl einer Ausstellung von 09:00 Uhr bis 19:30 Uhr. t gibt die Uhrzeit in Stunden an.

Berechnen Sie den Zeitpunkt, zu dem die Besucheranzahl am größten war. Geben Sie diese Anzahl an.

Zusatzaufgabe: Begründen Sie, warum die Modellierung der Besucheranzahl durch die Funktion f sinnvoll sein kann. Nutzen Sie einen GTR.

13 Gegeben ist die Funktion f mit $f(x) = (x - 2)(0{,}5x^2 - 3{,}5x + 5)$.

a) Berechnen Sie die Koordinaten der Schnittpunkte des Graphen von f mit den Koordinatenachsen.

b) Berechnen Sie die Koordinaten der Extrempunkte des Graphen von f.

Basisaufgaben

1 Links- und Rechtskurven: Markieren Sie die Bereiche, in denen
der Zug eine Links- bzw. Rechtskurve durchfährt.

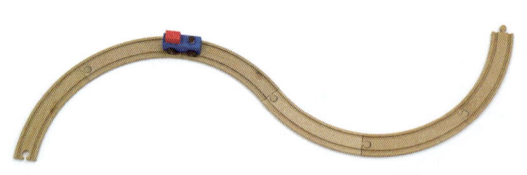

☐   Linkskurve (linksgekrümmt)

☐   Rechtskurve (rechtsgekrümmt)

Zusatzaufgabe: Ein Streckenabschnitt hat die Form:

Linkskurve – Rechtskurve – Linkskurve.

Mit welchem Buchstaben kann er beschrieben werden?

2 Graphen von f, f' und f": Gegeben sind die Graphen von Funktionen und deren ersten beiden Ableitungen.

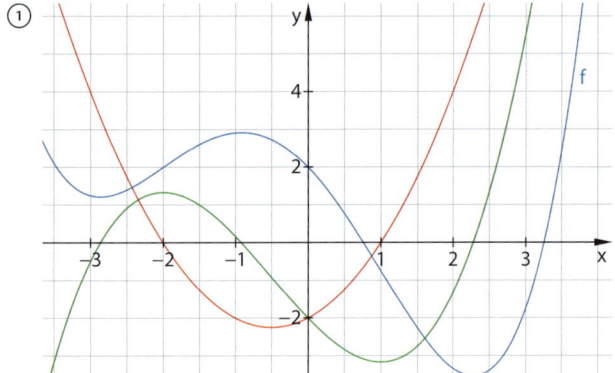 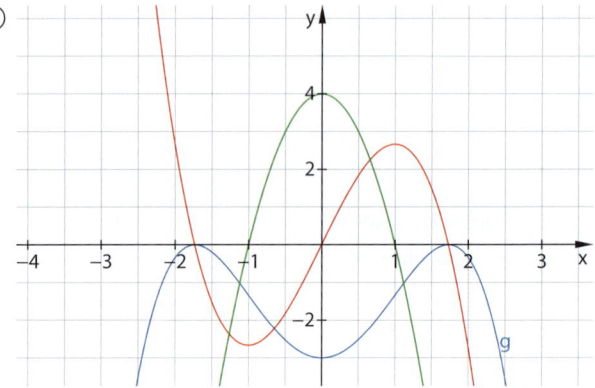

a) Beschriften Sie die Graphen der Ableitungsfunktionen.

b) Markieren Sie mit senkrechten Geraden alle passenden Stellen.

☐   bei f und g   Wechsel des Krümmungsverhaltens (Links- bzw. Rechtskrümmung)

☐   bei f' und g'   Wechsel des Monotonieverhaltens (streng monoton steigend bzw. fallend)

☐   bei f" und g"   Wechsel des Vorzeichens der Funktionswerte (positive bzw. negative Funktionswerte)

Zusatzaufgabe: Was fällt Ihnen auf?

c) Ergänzen Sie die Sätze zur Krümmung von f und g.

Der Graph von f ist linksgekrümmt für   _____   Er ist rechtsgekrümmt für   _____

Der Graph von g ist linksgekrümmt für   _____   Er ist rechtsgekrümmt für   _____

3 Krümmungsverhalten: Geben Sie an, auf welchen Intervallen der Graph von f links- bzw. rechtsgekrümmt ist.
Belegen Sie Ihre Entscheidung mithilfe von Funktionswerten zu Teststellen aus den Intervallen.

Hilfe: Wenn $f"(x) > 0$ für alle x aus dem Intervall I, dann ist der Graph der Funktion f auf I linksgekrümmt.

Wenn $f"(x) < 0$ für alle x aus dem Intervall I, dann ist der Graph der Funktion f auf I rechtsgekrümmt.

a) $f"(x) = -x + 4$

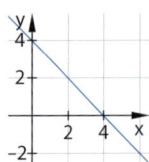

Linkskrümmung des Graphen von f für:

$f"(\underline{\hspace{1cm}}) = \underline{\hspace{2cm}}$

Rechtskrümmung des Graphen von f für:

$f"(\underline{\hspace{1cm}}) = \underline{\hspace{2cm}}$

b) $f"(x) = 2x + 2$

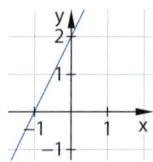

Linkskrümmung des Graphen von f für:

$f"(\underline{\hspace{1cm}}) = \underline{\hspace{2cm}}$

Rechtskrümmung des Graphen von f für:

$f"(\underline{\hspace{1cm}}) = \underline{\hspace{2cm}}$

4 Untersuchen Sie mithilfe der zweiten Ableitung das Krümmungsverhalten.

Hilfe: Die Nullstellen von f″ sind die Enden von Krümmungsintervallen.

a) $f(x) = 2x^3 - 3x^2 + 4x + 5$

$f'(x) =$ _____

$f''(x) =$ _____

$0 =$ _____ also ist $x =$ _____

Linkskrümmung für:

_____ $f''(\quad) =$ _____ _____

Rechtskrümmung für:

_____ $f''(\quad) =$ _____ _____

b) $g(x) = -x^3 - 2x + 6$

_____

_____

$0 =$ _____ also ist $x =$ _____

Linkskrümmung für:

_____ $f''(\quad) =$ _____ _____

Rechtskrümmung für:

_____ $f''(\quad) =$ _____ _____

Weiterführende Aufgaben

5 Ermitteln Sie die Hoch- und Tiefpunkte mithilfe von Ableitungen.

Hilfe: Eine hinreichende Bedingung für eine lokale Extremstelle x_E einer Funktion f ist: $f'(x_E) = 0$ und $f''(x_E) \neq 0$.
In diesem Fall gilt: Wenn $f''(x_E) < 0$, dann liegt ein Hochpunkt vor.
Wenn $f''(x_E) > 0$, dann liegt ein Tiefpunkt vor.

a) $f(x) = \frac{1}{3}x^3 - 3x^2 + 2$

$f'(x) =$ _____

$f''(x) =$ _____

Nullstellen von f' sind $x_1 = 0$ und $x_2 =$ _____

$f''(0) =$ _____ und $f(0) = 2$, somit

gibt es bei $x_1 = 0$ den Hochpunkt $H(0|2)$.

$f''(\quad) =$ _____ _____ und $f(\quad) =$ _____ somit

gibt es bei $x_2 =$ _____ den _____

b) $g(x) = x^3 + 1,5x^2 - 6x + 4$

_____

_____

Nullstellen von g' sind $x_1 =$ _____ und $x_2 =$ _____

$g''(\quad) =$ _____ _____ und $g(\quad) =$ _____ somit

gibt es bei $x_1 =$ _____ den _____

$g''(\quad) =$ _____ _____ und $g(\quad) =$ _____ somit

gibt es bei $x_2 =$ _____ den _____

6 Die Funktion h mit $h(t) = -\frac{1}{3}t^3 + 2t^2 + 21t + 10$ beschreibt ab dem Kaufdatum für einige Wochen die Höhe einer Pflanze. t steht für die Wochen nach diesem Zeitpunkt und $h(t)$ für die jeweilige Höhe der Pflanze in Zentimetern.

a) Ermitteln Sie den Zeitpunkt, ab dem sich das Wachstum der Pflanze verlangsamt.

_____

_____

b) Untersuchen Sie, bis zu welcher Woche die Funktion h das Wachstum relativ gut beschreiben könnte.

_____

_____

_____

Basisaufgaben

1 Wendepunkte von Funktionen und Graphen von Ableitungsfunktionen: Gegeben sind die Graphen von Funktionen und die der ersten beiden Ableitungen.

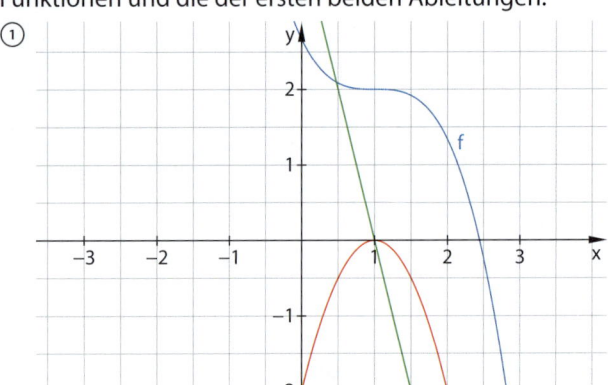

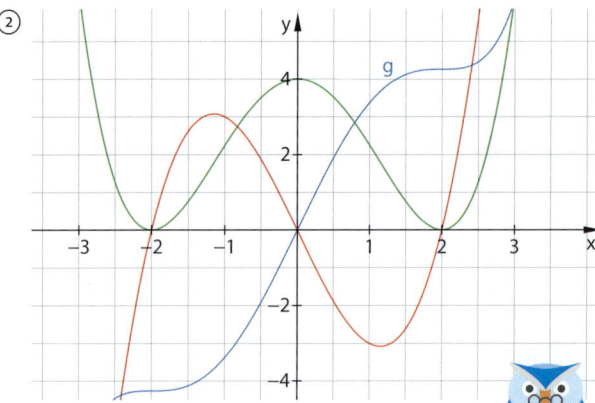

a) Markieren Sie die Wendepunkte der Funktionen f und g in den Zeichnungen.

Hilfe: Wendepunkte mit einer waagerechten Tangente sind Sattelpunkte.
Am Wendepunkt ändert sich das Krümmungsverhalten.

b) Beschriften Sie zuerst die Graphen der Ableitungsfunktionen mit f', f'', f''' bzw. g', g'', g'''.
Markieren Sie danach mit senkrechten Geraden alle passenden Stellen.

☐ Wendestellen der Funktion f   ☐ Extremstellen der ersten Ableitungsfunktion f'

☐ Nullstellen der zweiten Ableitungsfunktion f''   ☐ Sattelstellen der Funktion f

Zusatzaufgabe: Was fällt Ihnen auf?

2 Hinreichende Bedingungen für Wendepunkte: Graphen von f mit $f(x) = -0,5x^4 + x^3$ und g mit $g(x) = 0,5x^4 - 2x^3 + 6$.

a) Ermitteln Sie mithilfe von Ableitungen die Wendestellen. Prüfen Sie, ob es sich um eine Sattelstelle handelt.

Hilfe: Wenn zusätzlich $f'(x_w) = 0$, dann ist x_w Sattelstelle.
Wenn $f''(x_w) = 0$ und $f'''(x_w) \neq 0$, dann ist x_w Wendestelle.

$f(x) = -0,5x^4 + x^3$ $g(x) = 0,5x^4 - 2x^3 + 6$

$f'(x) =$ _____ $g'(x) =$ _____

$f''(x) =$ _____ $g''(x) =$ _____

$f'''(x) =$ _____ $g'''(x) =$ _____

Nullstellen von f'' sind $x_1 = 0$ und $x_2 =$ _____   Nullstellen von _____ sind $x_1 =$ ____ und $x_2 =$ ____

$f'''(0) =$ _____ und $f'''($ ____ $) =$ _____   und _____

Bei $x_1 = 0$ und $x_2 =$ _____ gibt es Wendestellen.

_____   _____

_____   _____

b) Untersuchen Sie mithilfe der Tabellen, ob das Vorzeichen (VZ) von f'' an der Stelle x_w wechselt.

Hilfe: Wenn $f''(x_w) = 0$ und das Vorzeichen von f'' an der Stelle x_w wechselt, dann existiert bei x_w ein Wendepunkt.

x	−1	0	0,5	1	
f''(x)		0		0	
VZ			+		

x					
g''(x)		0		0	
VZ					

3 Welche Teilaussagen kommen in den notwendigen oder hinreichenden Bedingungen für die Aussagen ① bis ③ vor?
Ordnen Sie diese zu.

| ① Der Graph von f hat bei $x = 2$ einen Wendepunkt. | ② Der Graph von f hat bei $x = 2$ einen Sattelpunkt. | ③ Der Graph von f ist bei $x = 2$ rechtsgekrümmt. |

| $f'(2) = 0$ | $f''(2) < 0$ | $f''(2) = 0$ | $f''(2) \neq 0$ | Bei $x = 2$ hat f'' einen Vorzeichenwechsel. | Bei $x = 2$ hat f' keinen Vorzeichenwechsel. | Bei $x = 2$ fällt f' monoton. |

4 Berechnen Sie die Wendepunkte der Funktion f mit $f(x) = -\frac{1}{24}x^4 + \frac{1}{6}x^3 + 2$.
Untersuchen Sie auch, ob Sattelpunkte vorliegen.

Weiterführende Aufgaben

5 Beurteilen Sie die Aussagen.
Schreiben Sie die Nummern der passenden Begründungen auf.

| ① $f'(x_0) = 0$ an der Stelle x_0. | ② $f''(x_0) \neq 0$ an der Stelle x_0. | ③ $f''(x_0) = 0$ an der Stelle x_0. |

| ④ $f'(x_0) < 0$ an der Stelle x_0. | ⑤ $f'''(x_0) \neq 0$ an der Stelle x_0. | ⑥ $f'(x_0) \neq 0$ an der Stelle x_0. |

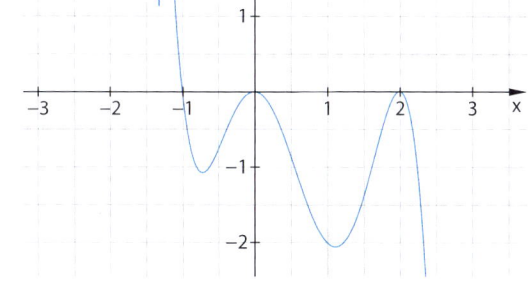

Der Graph von f ist an der Stelle $x_0 = 1{,}5$ monoton steigend. ☐ wahr ☐ falsch _____

Der Graph von f hat an der Stelle $x_0 = 2$ eine Sattelstelle. ☐ wahr ☐ falsch _____

An der Stelle $x_0 = 1$ ist das notwendige Kriterium für ein Extremum erfüllt. ☐ wahr ☐ falsch _____

Der Graph von f hat an der Stelle $x_0 = -1$ ein Extremum. ☐ wahr ☐ falsch _____

Der Graph von f hat an der Stelle $x_0 = 0$ eine Wendestelle. ☐ wahr ☐ falsch _____

An der Stelle $x_0 = 0$ ist das notwendige Kriterium für ein Extremum erfüllt. ☐ wahr ☐ falsch _____

6 Ermitteln Sie die Gleichung der Tangente durch den Wendepunkt der Funktion f mit $f(x) = x^3 - 6x^2 + 9x - 4$.

1 Punkte der Funktion f sind auf dem Graphen markiert.

a) Ergänzen Sie zu wahren Aussagen und zeichnen Sie den Graphen mit den passenden Farben nach.

☐ f'(x) > 0 für alle x aus dem Intervall, demzufolge ist f streng monoton _____

☐ f'(x) < 0 für alle x aus dem Intervall, demzufolge ist f streng monoton _____

☐ f'(x) = 0

b) Kreuzen Sie Zutreffendes an.

	A	B	C	D	E	F	G	H
Extrempunkte sind die Punkte …	☐	☐	☐	☐	☐	☐	☐	☐
Wendepunkte sind die Punkte …	☐	☐	☐	☐	☐	☐	☐	☐
Hochpunkte sind die Punkte …	☐	☐	☐	☐	☐	☐	☐	☐
Tiefpunkte sind die Punkte …	☐	☐	☐	☐	☐	☐	☐	☐
Sattelpunkte sind die Punkte …	☐	☐	☐	☐	☐	☐	☐	☐
Bei … ist der Graph der Funktion linksgekrümmt.	☐	☐	☐	☐	☐	☐	☐	☐

2 Kreuzen Sie alle zu $f(x) = \frac{1}{720}x^6 - \frac{1}{120}x^5 + \frac{1}{24}x^4 + \frac{5}{6}x^3 - \frac{7}{2}x^2 + 1984x - \pi$ passenden Ableitungen an.

☐ 0   ☐ $0{,}5x^2 - x + 1$ ☐ $0{,}3x^3 - 0{,}5x^2 + x$ ☐ $x - 1$

3 Wählen Sie unter den vier Möglichkeiten eine passende Überschrift für die Schrittfolge. Kreuzen Sie diese an.

1. Ermitteln von f' 2. Ermitteln der Nullstellen von f' 3. Untersuchen des Vorzeichenwechsels von f' oder prüfen, ob f''(x) < 0 oder f''(x) > 0

☐ Ermitteln von Hoch- und Tiefpunkten von f

☐ Ermitteln des Monotonieverhaltens von f

☐ Ermitteln von Wendepunkten von f

☐ Ermitteln des Krümmungsverhaltens von f

1. Ermitteln von f', f'' und f''' 2. Ermitteln der Nullstellen von f'' 3. Untersuchen des Vorzeichenwechsels von f'' oder Berechnen der dritten Ableitung an der potentiellen Stelle

☐ Ermitteln von Hoch- und Tiefpunkten von f

☐ Ermitteln des Monotonieverhaltens von f

☐ Ermitteln von Wendestellen von f

☐ Ermitteln des Krümmungsverhaltens von f

4 Kreuzen Sie die wahren Aussagen an.

Der Graph einer ganzrationalen Funktion ohne Definitionslücke …

☐ besitzt mindestens einen Wendepunkt, wenn er einen Hoch- und einen Tiefpunkt hat

☐ besitzt mindestens einen Hoch- und einen Tiefpunkt, wenn er einen Wendepunkt hat

☐ besitzt mindestens einen Tiefpunkt, wenn er einen Hoch- und einen Wendepunkt hat

☐ besitzt keinen weiteren Extrempunkt, wenn er einen Extrempunkt und keine Wendepunkte hat

☐ besitzt mehrere Extrempunkte, wenn er mehrere Wendepunkte hat

5 Untersuchen Sie die Funktion f mit $f(x) = 0{,}125x^4 - 0{,}5x^3$ und mithilfe der Ableitungen.

a) Monotonie

f ist monoton steigend für _____   f ist monoton fallend für _____

b) Krümmung

Der Graph ist für _____ linksgekrümmt.   Der Graph ist für _____ rechtsgekrümmt.

c) Extrempunkte

_____

d) Wendepunkte

_____

e) Kreuzen Sie die Zeichnung an, die den Graphen von f enthält. Zeichnen Sie beide Koordinatenachsen ein.

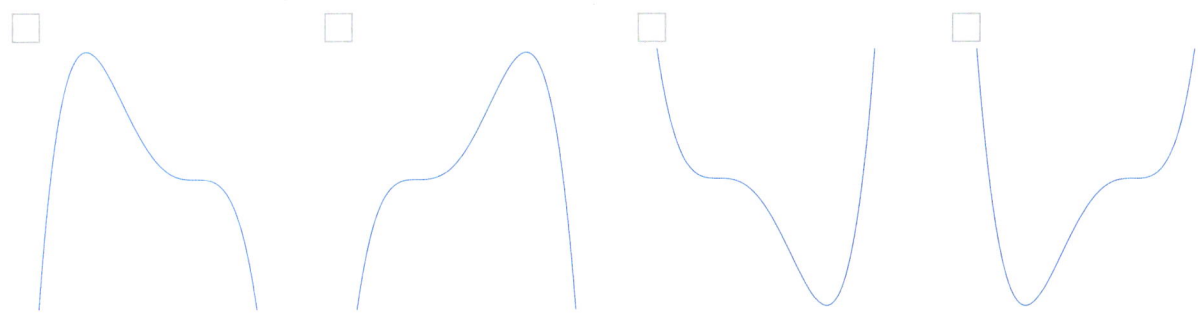

6 Der Wasserstand in einem Regenwasserspeicher kann in den ersten drei Regenstunden durch die Funktion f mit
$f(t) = -\frac{1}{32}t^3 + \frac{3}{16}t^2 + 3{,}74$ modelliert werden.
Berechnen Sie den Zeitpunkt, zu dem der Wasserstand am stärksten anstieg.

_____

Basisaufgaben

1 Arithmetisches Mittel: Ermitteln Sie das arithmetische Mittel $\bar{x}$.

Hilfe: $\quad n : (x_1 + x_2 + x_3 + \cdots x_n) = \underline{x}$

a) $-12\,°C;\ 8\,°C;\ 12\,°C;\ 0\,°C$

$\bar{x} = (-12\,°C +$ _____

_____

b) $980\,g;\ 1{,}25\,kg;\ 0{,}05\,kg;\ 0{,}35\,kg;\ 25\,g$

$\bar{x} =$ _____

_____

c) $\frac{1}{4}\,m;\ 0{,}08\,km;\ 1{,}25\,m;\ 32\,m$

$\bar{x} =$ _____

_____

d) $18\,l;\ 2\,dm^3;\ 0{,}012\,l;\ 8\,l$

$x =$ _____

_____

2 Median (Zentralwert): Ermitteln Sie den Median $\tilde{x}$.

Hilfe: Der Median halbiert die geordnete Datenliste.
Bei gerader Anzahl von Daten ist er das arithmetische Mittel der beiden mittleren Werte.

Urliste	geordnete Datenliste	Median
1; 0; 2; 7; 3; 4; 10	0; 1; 2;	$\tilde{x} =$
12; 3; 7; 8; 15; 4		$\tilde{x} =$
5 €, 12 €, 5 €, 5 €, 5 €		$\tilde{x} =$
2 km; 400 m; 0,02 km; $5 \cdot 10^9$ mm		$\tilde{x} =$

3 Median und arithmetisches Mittel bei Häufigkeitsverteilungen: Geben Sie das arithmetische Mittel und den Median an. Nutzen Sie eine geordnete Liste.

a)

Note	1	2	3	4	5	6
absolute Häufigkeit	2	3	4	7	3	1

geordnete Datenliste: 1; 1; 2;

$\tilde{x} =$ _____ $\bar{x} =$ _____

b)

Verspätungen in min	0	1	3	8	10
absolute Häufigkeit	4	2	4	1	1

geordnete Datenliste: _____

$\tilde{x} =$ _____ $\bar{x} =$ _____

„Durchschnitt" $(\bar{x})$
„Mitte" $(\tilde{x})$

4 Drei Schuhgrößen fehlen. Ergänzen Sie die Tabelle so, dass der Median und das arithmetische Mittel 40 ist.

Schuhgröße	39	40	41	42	43	44
Anzahl	14	9	4			

5 Berechnen Sie das arithmetische Mittel für relative und absolute Häufigkeiten.

Hilfe: $\underline{x} = h_1 \cdot x_1 + h_2 \cdot x_2 + \cdots + h_k \cdot x_k$ (Werte x_i und ihre relativen Häufigkeiten h_i)

a) Krankheitsbedingte Fehltage pro Woche in einer Firma.

Anzahl der Fehltage je Woche	0	1	2	3	4	5
relative Häufigkeit	0,80	0,07	0,03	0	0,06	0,04

$\overline{x} = 0{,}8 \cdot 0 +$

b) Einkaufspreise ein und desselben Rohstoffs von drei verschiedenen Händlern.

Händler	A	B	C
Preis je Einheit in $	150	200	180
Anteil am Gesamteinkauf	65 %	10 %	25 %

$\overline{x} =$

c) Anzahl der Regentage pro Monat auf dem Brocken.

Anzahl Regentage	18	19	20	21	22	23	24	25
Anzahl der Monate	2	1	2	2	1	1	2	1

$\overline{x} =$

Weiterführende Aufgaben

6 „… *So ist das BIP pro Kopf in Westdeutschland seit 2010 von 34.000 auf 39.000 Euro im Jahr 2015 gestiegen, in Ostdeutschland liegt es mit knapp 29.000 Euro immer noch deutlich darunter* …" (Zitat aus FAZ – Online vom 06.09.2017)
Westdeutschland hatte 2015 ca. 66,1 Mio. Einwohner und Ostdeutschland ca. 16,1 Mio.

a) Berechnen Sie das durchschnittliche BIP (Bruttoinlandsprodukt) pro Kopf 2015 in ganz Deutschland.

b) Ermitteln Sie das BIP pro Kopf im Osten, wenn das BIP pro Kopf für ganz Deutschland bei 38 000 € gelegen hätte.

7 Körpergrößen der Mädchen: 1,69 m; 1,61 m; 1,76 m; 1,68 m; 1,62 m; 1,59 m; 1,75 m; 1,72 m; 1,64 m
Körpergrößen der Jungen: 1,70 m; 1,64 m; 1,81 m; 1,75 m; 1,87 m; 1,76 m; 1,70 m; 1,78 m; 1,72 m

a) Welcher der Mittelwerte der Daten ist 1,75 m?
b) Kreuzen Sie geeignete Klasseneinteilungen an.
Zeichnen Sie dazu ein Säulendiagramm.

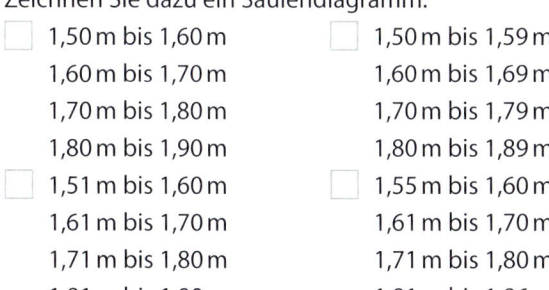

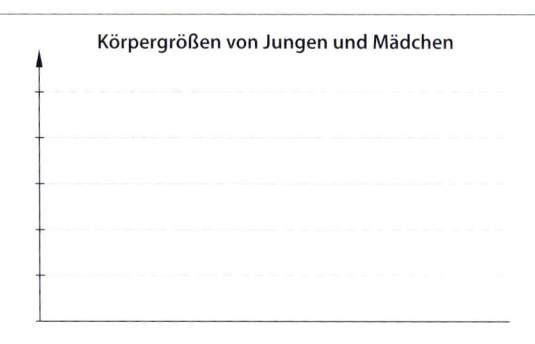

Körpergrößen von Jungen und Mädchen

Basisaufgaben

1 Spannweite: Ergänzen Sie die Sätze.

Hilfe: Die Spannweite ist die Differenz zwischen größtem und kleinstem Wert einer Datenliste.

a) Die Spannweite der Schulnoten ist

_____

b) Die Spannweite der Anzahl der Buchstaben der Wörter in der Hilfe zu 1 ist

_____

c) Die Spannweite der Anzahl der Tage eines Monats ist

_____

d) Die Spannweite der Pausenlängen an einem Unterrichtstag ist

_____

2 Empirische Varianz s^2 und empirische Standardabweichung s: Markieren Sie zusammengehörige Angaben mit der gleichen Farbe.

Hilfe: $s^2 = \frac{1}{n}\left[(x_1 - \bar{x})^2 + (x_2 - \bar{x})^2 + \cdots + (x_n - \bar{x})^2\right]$

| 1; 2; 3 | | 1; 3; 2; 6 | | 0; 1; 5; 6; 4 | | 0,5; 0,2; 0,4; 0,3; 0,5; 0,8 | | 3; 5 |

| $n = 5$ | $n = 2$ | $n = 3$ | $n = 6$ | $\bar{x} = 2$ | $s^2 = 1$ | $n = 4$ |

| $\bar{x} = 3$ | $\bar{x} = 0,45$ | $\bar{x} = 3,2$ | $\bar{x} = 4$ | $s^2 = 3,5$ | $s^2 = 5,36$ |

| $s \approx 0,82$ | $s = 1$ | $s^2 \approx 0,036$ | $s \approx 1,87$ | $s \approx 0,19$ | $s^2 = 0,\bar{6}$ | $s \approx 2,32$ |

3 Empirische Standardabweichung s und relative Häufigkeiten: Berechnen Sie die Standardabweichung s.

Hilfe: $s = \sqrt{\left[(x_1 - \bar{x})^2 \cdot h_1 + (x_2 - \bar{x})^2 \cdot h_2 + \cdots + (x_n - \bar{x})^2 \cdot h_n\right]}$

Kurs 11a

Note (x_i)	1	2	3	4	5	6	$\bar{x}$
Anzahl (h_i)	5	3	2	1	4	5	

x_i	h_i	$(x_i - \bar{x})^2 \cdot h_i$
1	$\frac{5}{20}$	$(1 - \quad)^2 \cdot \frac{5}{20} \approx 32,51$
2		
3		
4		
5		
6		
Summen		

$s^2 \approx$ _____

$s =$ _____

Kurs 11b

Note (x_i)	1	2	3	4	5	6	$\bar{x}$
Anzahl (h_i)	1	4	5	5	3	2	

x_i	h_i	$(x_i - \bar{x})^2 \cdot h_i$
1		
2		
3		
4		
5		
6		
Summen		

$s^2 \approx$ _____

$s =$ _____

Zusatzaufgabe: Jo sagt, dass die Noten der 11b besser sind aufgrund der Standardabweichung. Stimmt das?

4 Ermitteln Sie das arithmetische Mittel der durchschnittlichen monatlichen Höchsttemperaturen und die Standardabweichungen von beiden Orten. Was fällt auf?

Ort 1 _____   _____

Ort 2 _____   _____

_____

_____

_____

_____

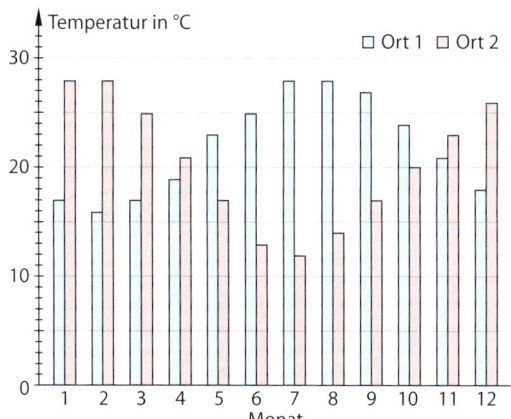

Zusatzaufgabe: Formulieren Sie eine Vermutung zur Lage der Orte.

Weiterführende Aufgaben

5 Zwei Maschinen füllen ein Getränk in 0,5-Liter-Flaschen ab. Stichprobenartig werden die Füllmengen überprüft.

Maschine A: 0,52 *l*; 0,50 *l*; 0,50 *l*; 0,47 *l*; 0,51 *l*; 0,50 *l*; 0,47 *l*; 0,49 *l*; 0,50 *l*; 0,52 *l*
Maschine B: 0,50 *l*; 0,50 *l*; 0,52 *l*; 0,49 *l*; 0,51 *l*; 0,50 *l*; 0,51 *l*; 0,51 *l*; 0,49 *l*; 0,47 *l*

Vergleichen Sie anhand der Stichprobenergebnisse die Maschinen. Berechnen Sie geeignete Werte mit dem GTR.

	$\overline{x}$	$\tilde{x}$	s	Spannweite	genau 0,5 *l* Inhalt
Maschine A					
Maschine B					

_____

_____

Zusatzaufgabe: Bewerten Sie die Repräsentativität der Ergebnisse.

6 Es wurde die Anzahl von abwesenden Lerngruppen aufgrund von außerschulischen Projekten ein Jahr lang notiert. Kreuzen Sie alle zur Tabelle passenden Aussagen an.

Monat	1	2	3	4	5	6	7	8	9	10	11	12
Schule A	7	5	7	5	1	0	5	3	2	1	0	1
Schule B	3	3	3	3	3	3	3	3	3	3	3	4

☐ In beiden Schulen sind die Abwesenheiten von Lerngruppen aufgrund von außerschulischen Projekten gleich.

☐ Im Durchschnitt gab es jeden Monat etwa drei Lerngruppen in außerschulischen Projekten.

☐ Die Standardabweichung der Abwesenheiten aufgrund derartiger Projekte bei Schule B wäre kleiner, wenn es im November nur eine und im Dezember sechs abwesende Lerngruppen gegeben hätte.

☐ In der Schule A gab es im ersten Halbjahr überdurchschnittlich viele Abwesenheiten von Lerngruppen aufgrund von außerschulischen Projekten.

☐ Der Modalwert und der Median der Abwesenheiten aufgrund derartiger Projekte in Schule A würden sich ändern, wenn im September nur ein und dafür im August vier Abwesenheiten von Lerngruppen zu verzeichnen gewesen wären.

1 *Alter von vier Personen in Jahren: 23; 24; 23; 30*

a) Kreuzen Sie Zutreffendes an.

Das Durchschnittsalter ist … ☐ $\frac{23 + 24 + 30}{3}$ ☐ $\frac{2 \cdot 23 + 24 + 30}{3}$ ☐ $\frac{2 \cdot 23 + 24 + 30}{4}$ ☐ $\frac{100}{4}$

Der Median ist … ☐ 23 ☐ 23,5 ☐ 24 ☐ 25

Der Modalwert ist … ☐ 23 ☐ 24 ☐ 25 ☐ 30

Die empirische Standard-
abweichung ist … ☐ $\frac{\sqrt{34}}{4}$ ☐ $\frac{\sqrt{34}}{2}$ ☐ 2,92 ☐ $\frac{1}{2}\sqrt{2 \cdot 2^2 + 1^2 + 5^2}$

b) Eine fünfte Person kommt hinzu. Sie ist 25 Jahre alt.
Entscheiden Sie sich möglichst ohne Berechnung des Kennwertes für die passende Ergänzung.

Das arithmetische Mittel … ☐ wird größer ☐ wird kleiner ☐ bleibt gleich ☐ ist unklar

Der Median … ☐ wird größer ☐ wird kleiner ☐ bleibt gleich ☐ ist unklar

Der Modalwert … ☐ wird größer ☐ wird kleiner ☐ bleibt gleich ☐ ist unklar

Die empirische Varianz … ☐ wird größer ☐ wird kleiner ☐ bleibt gleich ☐ ist unklar

Die Spannweite … ☐ wird größer ☐ wird kleiner ☐ bleibt gleich ☐ ist unklar

2 Ein Hobbychemiker möchte zwei Liter 20%igen Alkohol herstellen. Er hat 10- und 50%igen Alkohol zur Verfügung. Kreuzen Sie an, welches Vorgehen ihn zu seinem Ziel führt. Begründen Sie Ihre Entscheidung.

☐ Er nimmt 1 Liter von jeder Sorte.   ☐ Er nimmt 0,5 Liter des 10%igen und 1,5 Liter des 50%igen Alkohols.   ☐ Er nimmt 1,5 Liter von jeder Sorte.   ☐ Er nimmt 1,5 Liter des 10%igen und 0,5 Liter des 50%igen Alkohols.

_____

_____

3 Als einkommensarm gelten Menschen, wenn sie über weniger als 60 % des mittleren Einkommens verfügen. Laut Armutsbericht der Bundesregierung waren 2014 ca. 15,3 % der Bevölkerung der Bundesrepublik von Einkommensarmut betroffen, in Westdeutschland ca. 14,9 % und in Ostdeutschland (einschließlich Berlin) ca. 16,8 %.

Anne sagt: „Die Autoren der Studie haben sich verrechnet, denn das arithmetische Mittel der Angaben für Ost- und Westdeutschland ist $\frac{16,8\,\% + 14,9\,\%}{2} = 15,85\,\% \neq 15,3\,\%$".

Benno sagt: „Nein, die 15,3 % können stimmen, denn im Osten leben viel weniger Menschen als im Westen, und das muss beim Berechnen des arithmetischen Mittels berücksichtigt werden."

a) Geben Sie an, wer Ihrer Meinung nach recht hat. _____

b) Berechnen Sie das arithmetische Mittel nach Bennos Auffassung mit den Einwohnerzahlen für Ostdeutschland (einschließlich Berlin) von 15,974 Mio. und für Westdeutschland 66,057 Mio. Menschen.

_____

4 Monatliche durchschnittliche Tageslängen – Zeitspanne zwischen Sonnenaufgang und Sonnenuntergang in Stunden. Ergänzen Sie die fehlenden Werte in der Tabelle.

Kenngröße	Reykjavik	Quito
arithmetisches Mittel		12,14
empirische Standardabweichung	5,40	
Median	12,5	
Spannweite		

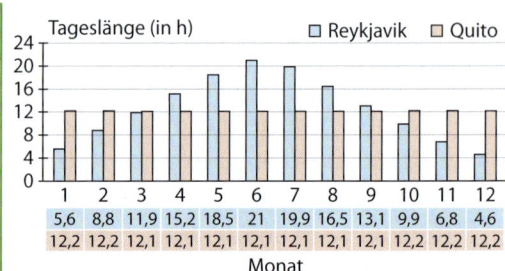

Tageslänge (in h) — ☐ Reykjavik ☐ Quito

Monat	1	2	3	4	5	6	7	8	9	10	11	12
	5,6	8,8	11,9	15,2	18,5	21	19,9	16,5	13,1	9,9	6,8	4,6
	12,2	12,2	12,1	12,1	12,1	12,1	12,1	12,1	12,1	12,2	12,2	12,2

Arbeitsheft

Fundamente der Mathematik
Einführungsphase
Niedersachsen

Fundamente
|der Mathematik|

Niedersachsen
Einführungsphase

|Arbeitsheft|

Cornelsen

LÖSUNGEN

Cornelsen

Autoren: Reinhard Oselies, Dr. Wilfried Zappe
Berater: Udo Wennekers
Redaktion: Berit Kroschel

Grafik: Christian Böhning
Umschlaggestaltung: hawemannundmosch, Berlin
Layoutkonzept: zweiband.media, Berlin
Technische Umsetzung: zweiband.media, Berlin

Inhaltsverzeichnis

Lineare und quadratische Funktionen

Basisaufgaben

1 Funktionen: Markieren Sie alle zu einer Funktion passenden Karten mit der gleichen Farbe.

Hilfe:

$f(x) = \dfrac{1}{x}$ [A]	$f(x) = \sqrt{x}$ [B]	$f(x) = x^2 + 1$ [C]
$D = [0, \infty[$ [B]	$W = [0, \infty[$ [B]	$f(1) = 1$ [A]
$D = \mathbb{R}$ [C]	$D = \mathbb{R}^{\neq 0}$ [A]	$f(3) = 10$ [C]
	$f(4) = 2$ [A]	$W = \mathbb{R}^{\neq 0}$ [A]	$W = [1, \infty[$ [B]

Für $y = f(x) = x^2$ gilt: $f(3) = 3^2 = 9$; $P(3|9)$ gehört zu f; Definitionsbereich $D = \mathbb{R}$ und Wertebereich $W = \mathbb{R}^{\geq 0}$.

2 Kreuzen Sie unten an, welche der vier obigen Aussagen zutreffen.

① Eine Funktion ordnet jedem Wert des Definitionsbereichs genau einen Wert des Wertebereichs zu.

② Es gibt ein Element des Definitionsbereichs, dem verschiedene Werte des Wertebereichs zugeordnet werden.

③ Ein Wert des Wertebereichs kann bei einer Funktion mehrfach angenommen werden.

④ Es liegt der Graph einer Funktion vor.

a) Die Gerade mit der Gleichung $y = 3$. ☒① ☐② ☒③ ☒④

b) Die Gerade mit der Gleichung $x = 3$. ☐① ☒② ☐③ ☐④

c) Die Gerade mit der Gleichung $y = \tfrac{1}{3}x$. ☒① ☐② ☐③ ☒④

d) Die Kurve mit der Gleichung $y = x^2 - 3x$. ☒① ☐② ☒③ ☒④

3 Lineare Funktionen: Geben Sie die Gleichungen der Geraden und die Parameter an.

Hilfe: $y = f(x) = mx + b$

Gleichungen der Geraden	Steigung	y-Abschnitt
$f(x) = 0,5x - 2$	$m = \tfrac{1}{2}$	$b = -2$
$g(x) = -1,5x + 4$	$m = -1,5$	$b = 4$
$h(x) = -3x + 15$	$m = -3$	$b = 15$

$h(x) = -3x + b$
$h(5) = -3 \cdot 5 + b = -15 + b = 0$ somit gilt, $b = 15$

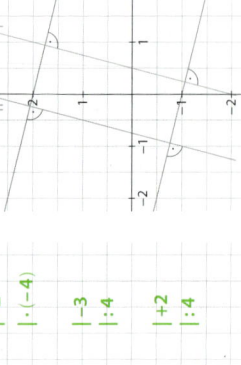

4 Die Funktion f hat die Gleichung $f(x) = -\tfrac{1}{4}x - 1$. Geben Sie die Funktionsgleichungen und die Achsenschnittpunkte von g, h und i an.

$g(x) = -\tfrac{1}{4}x + 2$:
$0 = -\tfrac{1}{4}x + 2$ | -2
$-2 = -\tfrac{1}{4}x$ | $\cdot(-4)$
$8 = x$
$P(8\,|0)$; $Q(0\,|2\,)$

$h(x) = 4x + 3$:
$0 = 4x + 3$ | -3
$-3 = 4x$ | $:4$
$-\tfrac{3}{4} = x$
$R(-\tfrac{3}{4}\,|0)$; $S(0\,|3\,)$

$i(x) = 4x - 2$:
$0 = 4x - 2$ | $+2$
$2 = 4x$ | $:4$
$\tfrac{1}{2} = x$
$T(\tfrac{1}{2}\,|0)$; $U(0\,|-2)$

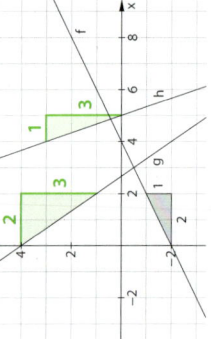

---

5 Ermitteln Sie die Gleichung der Geraden, die durch die gegebenen Punkte verläuft.

a) $P(-3|3)$ und $Q(1|-5)$ **b)** $S(1|-5)$ und $T(5|3)$

1. Berechnen der Steigung m

$m = \dfrac{y_P - y_Q}{x_P - x_Q} = \dfrac{3 - (-5)}{-3 - 1} = -2$

$m = \dfrac{y_S - y_T}{x_S - x_T} = \dfrac{-5 - 3}{1 - 5} = 2$

2. Berechnen des y-Abschnitts b

$y = mx + b$

$3 = (-2) \cdot (-3) + b$ | -6
$3 = 6 + b$
$-3 = b$

$3 = 2 \cdot 5 + b$
$3 = 10 + b$ | -10
$-7 = b$

3. Aufstellen der Gleichung der Geraden

$f(x) = -2x - 3$

$f(x) = 2x - 7$

Zusatzaufgabe: Führen Sie im Kopf die Proben durch.
Probe zu a $(-2) \cdot (-3) - 3 = 3$ und $(-2) \cdot 1 - 3 = -5$
Probe zu b $2 \cdot 1 - 7 = -5$ und $2 \cdot 5 - 7 = 3$

6 Quadratische Funktionen: Ordnen Sie den Graphen zuerst ihre Funktionsgleichungen zu. Ergänzen Sie danach die Tabelle. Zeichnen Sie die fehlenden Graphen ein.

Hilfe: Für $f(x) = a(x - x_S)^2 + y_S$ gilt: Scheitelpunkt $S(x_S|y_S)$; Öffnung nach unten bei $a < 0$; schmaler als die Normalparabel bei $|a| > 1$.

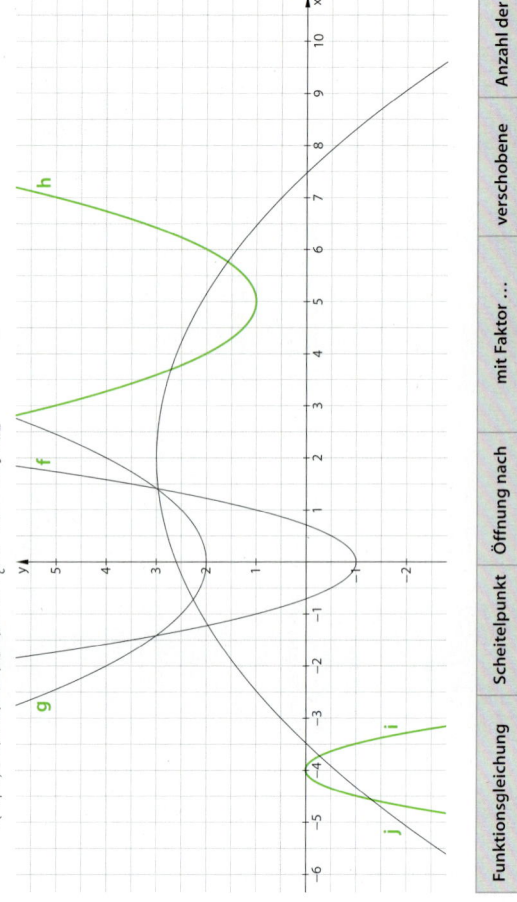

Funktionsgleichung	Scheitelpunkt	Öffnung nach		mit Faktor ...		verschobene Normalparabel	Anzahl der Nullstellen
		oben	unten	gestreckt	gestaucht		
$f(x) = 2x^2 - 1$	$S(0|-1)$	x		2			2
$g(x) = 0,5x^2 + 2$	$S(0|2)$	x			0,5		0
$h(x) = (x-5)^2 + 1$	$S(5|1)$	x				x	0
$i(x) = -4(x+4)^2$	$S(-4|0)$		x	4			1
$j(x) = 3 - 0,1(x-2)^2$	$S(2|3)$		x		0,1		2

7 Berechnen Sie die Nullstellen.

Hilfe: Für $x^2 + px + q = 0$ gilt: $x_{1,2} = -\frac{p}{2} \pm \sqrt{\left(\frac{p}{2}\right)^2 - q}$

$(x+y)^2 = x^2 + 2xy + y^2$
$(x-y)^2 = x^2 - 2xy + y^2$

$f(x) = 3x^2 - 21x + 18$

$0 = x^2 - 7x + 6$

$x_1 = \frac{7}{2} + \sqrt{\frac{49}{4} - \frac{24}{4}} = 6$

$x_2 = \frac{7}{2} - \sqrt{\frac{49}{4} - \frac{24}{4}} = 1$

$g(x) = -3x^2 - 12x - 9$

$0 = x^2 + 4x + 3$

$x_1 = -2 + \sqrt{4 - 3} = -1$

$x_2 = -2 - \sqrt{4 - 3} = -3$

8 Skizzieren von Parabeln mithilfe von Scheitelpunkten und Nullstellen

a) Ermitteln Sie die Scheitelpunkte der Parabeln.

Hilfe: Wenden Sie binomische Formeln an und ergänzen Sie quadratisch: 1. Streckfaktor ausklammern; 2. Quadratische Ergänzung:

$f(x) = 2x^2 - 4x - 2$

$f(x) = 2 \cdot (x^2 - 2x - 1)$

$f(x) = 2 \cdot ((x-1)^2 - 2)$

$f(x) = 2 \cdot (x-1)^2 - 4$

$S(1 \mid -4)$

$g(x) = -0{,}5x^2 + 2x - 1{,}5$

$g(x) = -0{,}5(x^2 - 4x + 3)$

$g(x) = -0{,}5((x-2)^2 - 1)$

$g(x) = -0{,}5(x-2)^2 + 0{,}5$

$S(2 \mid 0{,}5)$

$h(x) = 3x^2 + 6x - 2$

$h(x) = 3\left(x^2 + 2x - \frac{2}{3}\right)$

$h(x) = 3\left((x+1)^2 - \frac{5}{3}\right)$

$h(x) = 3(x+1)^2 - 5$

$S(-1 \mid -5)$

b) Berechnen Sie zuerst die Nullstellen der Funktionen aus Teilaufgabe a.
Skizzieren Sie danach die Graphen mithilfe der berechneten Werte.

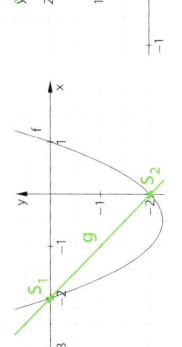

$f(x) = 2x^2 - 4x - 2$

$0 = x^2 - 2x - 1$

$x_1 = 1 + \sqrt{2} \approx 2{,}41$ und $x_2 = 1 - \sqrt{2} \approx -0{,}41$

$g(x) = -0{,}5x^2 + 2x - 1{,}5$

$0 = x^2 - 4x + 3$

$x_1 = 2 + \sqrt{1} = 3$ und $x_2 = 2 - \sqrt{1} = 1$

$h(x) = 3x^2 + 6x - 2$

$0 = x^2 + 2x - \frac{2}{3}$

$x_1 = -1 + \sqrt{\frac{5}{3}} \approx 0{,}29$ und $x_2 = -1 - \sqrt{\frac{5}{3}} \approx -2{,}29$

9 Ergänzen Sie zu wahren Aussagen.

Zueinander parallele (nicht identische) Geraden haben __die gleiche Steigung__ und unterschiedliche __y-Abschnitte__.

Liegt die Gleichung einer quadratischen Funktion in faktorisierter Form vor, kann man die __Nullstellen__ ablesen.

Die Graphen einer linearen und einer quadratischen Funktion können höchstens __zwei__ gemeinsame Punkte haben.

Weiterführende Aufgaben

10 Berechnen Sie die Schnittpunkte der Parabel f und der Geraden g.
Überprüfen Sie Ihre Ergebnisse jeweils mithilfe der grafischen Darstellung.

a) $f(x) = x^2 + x - 2$
$g(x) = -x - 2$

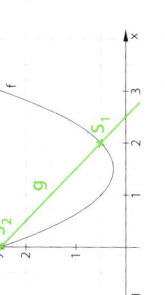

z.B. $x^2 + x - 2 = -x - 2$
$x^2 + 2x = 0$
$x \cdot (x + 2) = 0$
$x_1 = 0$ $S_1(0 \mid -2)$
$x_2 = -2$ $S_2(-2 \mid 0)$

b) $f(x) = x^2 - 3x + \frac{5}{2}$
$g(x) = \frac{5}{2} - x$

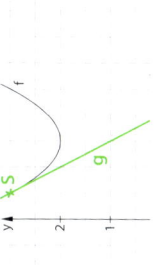

z.B. $x^2 - 3x + 2{,}5 = 2{,}5 - x$
$x^2 - 2x = 0$
$x \cdot (x - 2) = 0$
$x_1 = 0$ $S_1(0 \mid 2{,}5)$
$x_2 = 2$ $S_2(2 \mid 0{,}5)$

c) $f(x) = \left(x - \frac{3}{2}\right)^2 + 2$
$g(x) = 4 - 2x$

z.B. $x^2 - 3x + 4{,}25 = 4 - 2x$
$x^2 - x + 0{,}25 = 0$
$x = 0{,}5 + \sqrt{0}$
$x = 0{,}5$ $S(0{,}5 \mid 3)$

11 Im fünften Versuch hat die Kugel eines Kugelstoßers die Flugbahn mit der
Gleichung $y = f(x) = -0{,}06x^2 + 0{,}6x + 1{,}8$.
Ergänzen Sie die Angaben für den letzten Stoß.

Versuch	1.	2.	3.	4.	5.
Stoßweite in m	11,51	–	11,13	12,37	12,42

Abstoßhöhe: 1,8 m $f(0) = 1{,}8$

maximale Höhe: 3,3 m $f(x) = -0{,}06(x_2 - 10x - 30) = -0{,}06(x-5)^2 + 3{,}3$ $S(5 \mid 3{,}3)$

Verbesserung um: 0,05 m $x_1 = 5 + \sqrt{25 + 30} \approx 12{,}42$
$(x_2 = 6 - \sqrt{25 + 30} \approx -2{,}42)$
$12{,}42\,m - 12{,}37\,m = 0{,}05\,m$

„x" steht für die horizontale Entfernung vom Abstoßbalken.
„y" steht für die Höhe über dem Erdboden.

Zusatzaufgabe: Der Graph f mit $f(x) = x^2 + x - 2$ schneidet die Gerade g nicht. Geben Sie zu g eine Gleichung an.
individuelle Lösung $g(x) = -3; g(x) = x - 3$

12 Es werden je drei Transformationen nacheinander ausgeführt.
Ergänzen Sie die Funktionsgleichungen und den Scheitelpunkt des jeweils letzten Graphen.
Abkürzungen der Transformationen:

Vx: Verschieben um 2 nach links   Sx: Spiegeln an der x-Achse
St: Strecken um den Faktor 2   Sy: Spiegeln an der y-Achse
Vy: Verschieben um 3 nach unten

Funktion am Anfang	Ergebnis der ersten Veränderung	Ergebnis der zweiten Veränderung	Ergebnis der dritten Veränderung	Scheitelpunkt nach der dritten Veränderung
$f_0(x) = 3x^2$	Vx $f_1(x) = 3(x+2)^2$	Sy $f_2(x) = 3(x-2)^2$	Vy $f_3(x) = 3(x-2)^2 - 3$	$S_3(2 \mid -3)$
$g_0(x) = (x-2)^2$	Sx $g_1(x) = -(x-2)^2$	Vy $g_2(x) = -(x-2)^2 - 3$	St $g_3(x) = -2(x-2)^2 - 3$	$S_3(2 \mid -3)$
$h_0(x) = 2x^2 + 1$	Sy $h_1(x) = 2x^2 + 1$	Sx $h_2(x) = -2x^2 - 1$	Vx $h_3(x) = -2(x+2)^2 - 1$	$S_3(-2 \mid -1)$

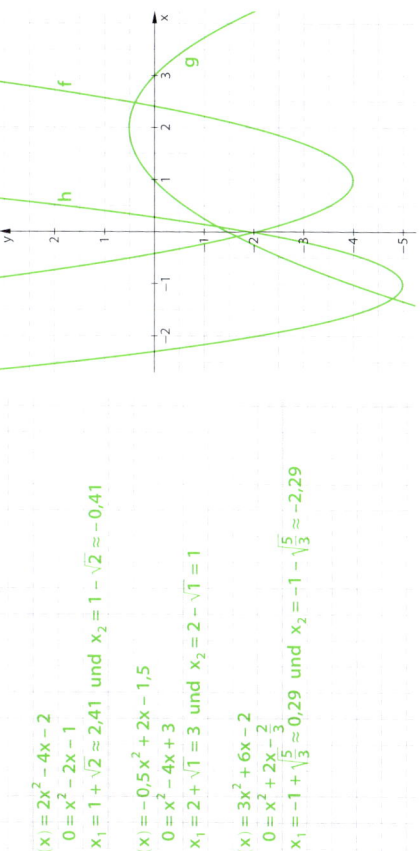

Potenzfunktionen mit natürlichen Exponenten

Basisaufgaben

1 Potenzfunktionen mit natürlichen, geraden Exponenten: Wertetabelle und Graph

a) Vervollständigen Sie die Wertetabelle für die gegebenen x-Werte.
Beschriften Sie die Graphen.

	−2	−1	0	1	2
$f(x) = x^4$	16	1	0	1	16
$g(x) = x^6$	64	1	0	1	64
$h(x) = x^8$	256	1	0	1	256

b) Skizzieren Sie den Graphen von $h(x) = x^8$ im Koordinatensystem.

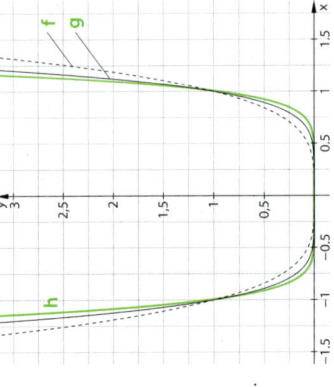

2 Nachweis von Achsensymmetrie: Weisen Sie rechnerisch die Achsensymmetrie zur y-Achse nach.

Hilfe: Der Graph einer Funktion ist achsensymmetrisch zur y-Achse, wenn gilt: $f(-x) = f(x)$.

a) $f(x) = x^{10}$ $f(-x) = (-x)^{10} = x^{10} = f(x)$

b) $f(x) = -3x^2$ $f(-x) = -3(-x)^2 = -3x^2 = f(x)$

c) $f(x) = -x^{20}$ $f(-x) = -(-x)^{20} = -x^{20} = f(x)$

Zusatzaufgabe: Weisen Sie rechnerisch nach, dass bei $f(x) = 4(x-2)^2$ keine Achsensymmetrie zur y-Achse vorliegt.
$f(-x) = 4(-(-x)-2)^2 = 4(-(x+2))^2 = 4(x+2)^2 \neq 4(x-2)^2 = f(x)$

3 Potenzfunktionen mit natürlichen, ungeraden Exponenten: Wertetabelle und Graph

a) Vervollständigen Sie die Wertetabelle für die gegebenen x-Werte.
Beschriften Sie die Graphen.

	−2	−1	0	1	2
$f(x) = x^5$	−32	−1	0	1	32
$g(x) = x^7$	−128	−1	0	1	128
$h(x) = x^9$	−512	−1	0	1	512

b) Skizzieren Sie den Graphen von $h(x) = x^9$ im Koordinatensystem.

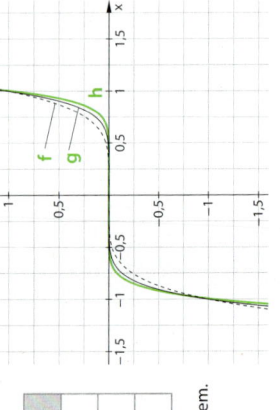

4 Nachweis von Punktsymmetrie: Weisen Sie rechnerisch die Punktsymmetrie zum Ursprung nach.

Hilfe: Der Graph einer Funktion ist punktsymmetrisch zum Ursprung, wenn gilt: $f(-x) = -f(x)$.

a) $f(x) = x^{15}$ $f(-x) = (-x)^{15} = -(x)^{15} = -f(x)$

b) $f(x) = \frac{1}{3}x^7$ $f(-x) = \frac{1}{3}(-x)^7 = -\frac{1}{3}x^7 = -f(x)$

c) $f(x) = -5x^{21}$ $f(-x) = -5(-x)^{21} = 5x^{21} = -f(x)$

Zusatzaufgabe: Weisen Sie rechnerisch nach, dass bei $f(x) = -5x^5 - 5 \neq 5x^5 + 5$ keine Punktsymmetrie zum Ursprung vorliegt.
$f(-x) = -5(-x)^5 - 5 = 5x^5 - 5 \neq 5x^5 + 5 = -f(x)$

---

5 Potenzfunktionen mit natürlichen Exponenten: Kreuzen Sie Zutreffendes an.

Definitionsbereich $D = \mathbb{R}$ [x] $f(x) = x^{777}$ [x] $g(x) = x^{888}$ [x] $h(x) = x^{999}$
$D = \mathbb{R}$ bei allen Potenzfunktionen mit natürlichen Exponenten.

Wertebereich $W = \mathbb{R} \geq 0$ [x] $f(x) = x^{22}$ [ ] $g(x) = x^{33}$ [ ] $h(x) = x^{77}$
$W = \mathbb{R} \geq 0$ bei allen Potenzfunktionen mit natürlichen, geraden Exponenten.

Der Graph der Funktion ist punktsymmetrisch.   [x] $f(x) = x^{111}$ [ ] $g(x) = x^{444}$ [x] $h(x) = x^{555}$
Der Graph ist punktsymmetrisch bei allen Potenzfunktionen mit natürlichen, ungeraden Exponenten.

Für $x \to -\infty$ gilt $f(x) \to -\infty$.   [x] $f(x) = x^{12}$ [x] $g(x) = x^{35}$ [x] $h(x) = x^{67}$
Für Funktionen mit $f(x) = x^n$ ($n \in \mathbb{N}$ und n ungerade) gilt: Für $x \to -\infty$ gilt $f(x) \to -\infty$.

Zusatzaufgabe: Begründen Sie Ihre Entscheidung.

6 Die Punkte A, B und C liegen auf Graphen von Funktionen.
Geben Sie, wenn möglich, drei Gleichungen von passenden Potenzfunktionen mit natürlichen Exponenten an.

a) $A(0|0); B(1|1); C(-1|1)$ individuelle Lösung $f(x) = x^n$ mit n gerade

b) $A(0|0); B(1|1); C(-1|-1)$ individuelle Lösung $f(x) = x^n$ mit n ungerade

c) $A(0|0); B(1|0); C(-1|0)$ z.B. $f(x) = x(x-1)(x+1) = x^3 - x$

Weiterführende Aufgaben

7 Ein Funktionsplotter gibt als Graphen die nebenstehende Zeichnung aus.

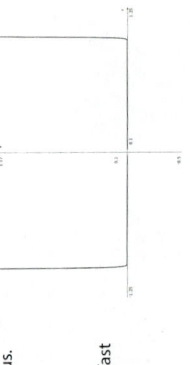

a) Kreuzen Sie alle infrage kommenden Funktionsgleichungen an.
[ ] $f(x) = 200x$ [ ] $f(x) = 200x^2$ [ ] $f(x) = x + 200$
[x] $f(x) = x^{200}$ [ ] $f(x) = x^{-200}$ [ ] $f(x) = x^{201}$

b) Anna sagt: „Der Graph dieser Funktion liegt im Intervall $-1 < x < 1$ fast vollständig auf der x-Achse und verläuft an den Stellen $x = -1$ und $x = 1$ senkrecht nach oben." Was meinen Sie dazu?
Nur der Punkt $(0|0)$ liegt auf der x-Achse.
Alle anderen Punkte liegen im Intervall $-1 < x < 1$ oberhalb der x-Achse.
Für $x = -1$ und $x = 1$ ist $f(x) = 1$.
Der Graph verläuft nicht senkrecht. Es gibt keine Punkte mit gleichen y-Koordinaten.

8 Aus gleichem Material werden in unterschiedlichen Größen Kugeln und Würfel hergestellt. Die Körper bestehen durch und durch daraus.

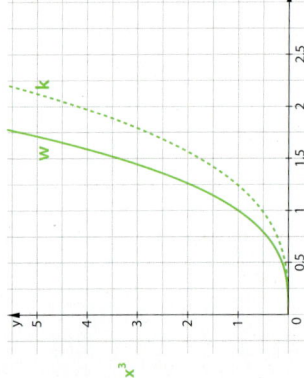

a) Veranschaulichen Sie die Zusammenhänge von Durchmesser und Volumen sowie Kantenlänge und Volumen im Koordinatensystem.

b) Das Volumen eines Würfels mit der Kantenlänge x wird verglichen mit dem Volumen einer Kugel mit dem Durchmesser x. Geben Sie die Veränderung des Unterschieds der Volumina für größer werdende Kantenlängen x und Durchmesser x an.

Volumen des Würfels: $w(x) = x^3$ Volumen der Kugeln: $k(x) = \frac{1}{6}\pi x^3$
Unterschied: $u(x) = w(x) - k(x)$
$= x^3 - \frac{1}{6}\pi \cdot x^3 = (1 - \frac{1}{6}\pi) \cdot x^3 \approx 0{,}48 \cdot x^3$
Der Unterschied kann beschrieben werden mit $u(x) = (1 - \frac{1}{6}\pi) \cdot x^3$.
Er wächst mit größer werdenden x sehr schnell.

x	1	2	3	4
u(x):	0,48	3,81	12,86	30,49

Basisaufgaben

1 Potenzfunktionen mit negativen, ganzzahligen, geraden Exponenten: Wertetabelle und Graph

a) Vervollständigen Sie die Wertetabelle für die gegebenen x-Werte.
Beschriften Sie die Graphen.

	-2	-1	0	1	2
$f(x) = x^{-2}$	$\frac{1}{4}$	1	–	1	$\frac{1}{4}$
$g(x) = x^{-4}$	$\frac{1}{16}$	1	–	1	$\frac{1}{16}$
$h(x) = x^{-6}$	$\frac{1}{64}$	1	–	1	$\frac{1}{64}$

b) Skizzieren Sie den Graphen von $h(x) = x^{-6}$ im Koordinatensystem.

2 Potenzfunktionen mit negativen, ganzzahligen, ungeraden Exponenten: Wertetabelle und Graph

a) Vervollständigen Sie die Wertetabelle für die gegebenen x-Werte.
Beschriften Sie die Graphen.

	-2	-1	0	1	2
$f(x) = x^{-3}$	$-\frac{1}{8}$	-1	–	1	$\frac{1}{8}$
$g(x) = x^{-5}$	$-\frac{1}{32}$	-1	–	1	$\frac{1}{32}$
$h(x) = x^{-7}$	$-\frac{1}{128}$	-1	–	1	$\frac{1}{128}$

b) Skizzieren Sie den Graphen von $h(x) = x^{-7}$ im Koordinatensystem.

3 Potenzfunktionen mit negativen, ganzzahligen Exponenten: Kreuzen Sie Zutreffendes an.

Definitionsbereich $D = \mathbb{R}^{\neq 0}$
$D = \mathbb{R}^{\neq 0}$ bei allen Potenzfunktionen mit negativen, ganzzahligen Exponenten.
Wertebereich $W = \mathbb{R}^{>0}$
$W = \mathbb{R}^{>0}$ bei allen Potenzfunktionen mit negativen, geraden Exponenten.
Der Graph der Funktion ist punktsymmetrisch.
Der Graph ist punktsymmetrisch bei allen Potenzfunktionen mit negativen, ungeraden Exponenten.
Für $x \to 0$ (von links) gilt $f(x) \to \infty$.
Für Potenzfunktionen mit negativen, geraden Exponenten gilt: Für $x \to 0$ gilt $f(x) \to \infty$.

☒ $f(x) = x^{-777}$ ☒ $g(x) = x^{-888}$ ☒ $h(x) = x^{-999}$
☒ $f(x) = x^{22}$ ☐ $g(x) = x^{-33}$ ☐ $h(x) = x^{-77}$
☒ $f(x) = x^{-111}$ ☐ $g(x) = x^{-444}$ ☒ $h(x) = x^{-555}$
☒ $f(x) = x^{-12}$ ☐ $g(x) = x^{-35}$ ☐ $h(x) = x^{-67}$

Zusatzaufgabe: Begründen Sie Ihre Entscheidung.

4 Weisen Sie rechnerisch die Achsensymmetrie zur y-Achse oder die Punktsymmetrie zum Ursprung nach.

a) $f(x) = x^{-10}$ $f(-x) = (-x)^{-10} = x^{-10} = f(x)$ **f ist achsensymmetrisch.**

b) $f(x) = x^{-15}$ $f(-x) = (-x)^{-15} = -(x)^{-15} = -f(x)$ **f ist punktsymmetrisch.**

c) $f(x) = 3x^{-2}$ $f(-x) = 3 \cdot (-x)^{-2} = 3x^{-2} = f(x)$ **f ist achsensymmetrisch.**

d) $f(x) = 2x^{-4} + 7$ $f(-x) = 2 \cdot (-x)^{-4} + 7 = 2x^{-4} + 7 = f(x)$ **f ist achsensymmetrisch.**

e) $f(x) = 2x^{-5} + x^{-3}$ $f(-x) = 2 \cdot (-x)^{-5} + (-x)^{-3} = -2x^{-5} - x^{-3} = -(2x^{-5} + x^{-3}) = -f(x)$ **f ist punktsymmetrisch.**

Weiterführende Aufgaben

5 Skizzieren Sie je einen passenden Graphen.

$f(x) = x^k$ k ist eine gerade, natürliche Zahl (k ≠ 0).	$f(x) = x^k$ k ist eine ungerade, natürliche Zahl (k ≠ 0).	$f(x) = x^k$ k ist eine gerade, negative, ganze Zahl (k ≠ 0).	$f(x) = x^k$ k ist eine ungerade, negative, ganze Zahl (k ≠ 0).

6 Der Graph einer Funktion mit der Gleichung $f(x) = x^n$ mit (n ∈ ℤ) ist gegeben. Ergänzen Sie zu wahren Aussagen.

Er verläuft durch den Punkt P(1| 1). Falls n ≠ 0 (n ∈ ℕ), verläuft der Graph durch den Punkt (0 |0).

Ist n eine gerade Zahl, dann verläuft der Graph **achsensymmetrisch** zur y-Achse und durch Q(-1| 1).

Ist n eine ungerade Zahl, dann verläuft er **punktsymmetrisch** zum **Ursprung** und durch Q(-1| -1).

Ist der Exponent eine negative Zahl, dann sind die x-Achse und die y-Achse **Asymptoten**.

7 Ergänzen Sie zuerst die Wertetabelle. Skizzieren Sie danach die Graphen.

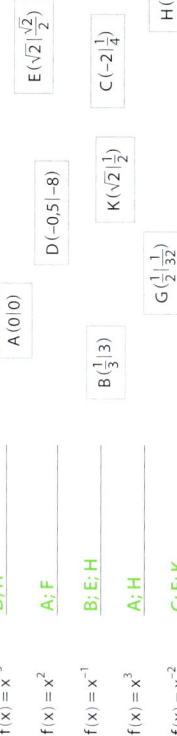

	2	-1	0	0,5	-0,5
$f_1(x) = x^3$	8	-1	0	0,125	-0,125
$f_2(x) = x^{-1}$	0,5	-1	n. d.	2	-2
$f_3(x) = x^2$	4	1	0	0,25	0,25

8 Punkte auf Graphen von Potenzfunktionen f mit $f(x) = x^z$ und z ∈ ℤ.

a) Ordnen Sie die Punkte allen Funktionen zu, auf deren Graph sie liegen.

① $f(x) = x^{-3}$ — **D; H**

② $f(x) = x^2$ — **A; F**

③ $f(x) = x^{-1}$ — **B; E; H**

④ $f(x) = x^3$ — **A; H**

⑤ $f(x) = x^{-2}$ — **C; F; K**

A(0|0)
$B(\frac{1}{3}|3)$
$C(-2|\frac{1}{4})$
D(-0,5|-8)
$E(\sqrt{2}|\frac{\sqrt{2}}{2})$
F(-1|1)
$G(\frac{1}{2}|\frac{1}{32})$
H(-1|-1)
$K(\sqrt{2}|\frac{1}{2})$

b) Einer der Punkte lässt sich keiner der gegebenen Funktionen zuordnen. Geben Sie eine Gleichung derjenigen Potenzfunktion an, auf deren Graph dieser Punkt liegt. $f(x) = x^5$ (Punkt G)

1 Verschieben und Strecken von Funktionsgraphen

Basisaufgaben

1 Verschieben in x-Richtung: Graph, Funktionsgleichung und Wertetabelle

Hilfe: Der Graph g mit $g(x) = f(x - c)$ geht aus dem Graphen f durch Verschieben um c-Einheiten in x-Richtung hervor. Wenn $c > 0$ ist, dann wird nach rechts verschoben. Wenn $c < 0$ ist, dann wird nach links verschoben.

a) Beschriften Sie die Graphen. Skizzieren Sie beide fehlenden Graphen.

$f(x) = x^4 \qquad g(x) = (x+2)^4 \qquad h(x) = (x+3)^4$

$i(x) = x^5 \qquad j(x) = (x-1)^5 \qquad k(x) = (x-2,5)^5$

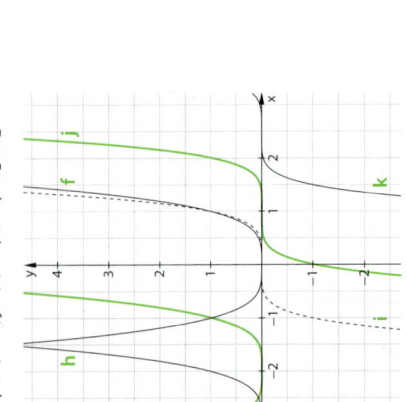

b) Vervollständigen Sie die Tabelle.

	x = −3	x = −1	x = 0	x = 1	x = 4
$l(x) = x^3$	−27	−1	0	1	64
$m(x) = (x-7)^3$	−1000	−512	−343	−216	−27
$n(x) = (x+7)^3$	64	216	343	512	1331

Zusatzaufgabe: Zeichnen Sie die Graphen mit einem GTR.

2 Verschieben in y-Richtung: Graph, Funktionsgleichung und Wertetabelle

Hilfe: Der Graph g mit $g(x) = f(x) + d$ geht aus dem Graphen f durch Verschieben um d-Einheiten in y-Richtung hervor. Wenn $d > 0$ ist, dann wird nach oben verschoben. Wenn $d < 0$ ist, dann wird nach unten verschoben.

a) Beschriften Sie die Graphen. Skizzieren Sie beide fehlenden Graphen.

$f(x) = x^6 \qquad g(x) = x^6 + 1 \qquad h(x) = x^6 - 2$

$i(x) = x^7 \qquad j(x) = x^7 - 1 \qquad k(x) = x^7 - 3$

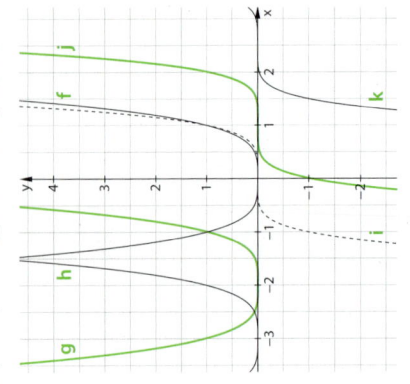

b) Vervollständigen Sie die Tabelle nur mithilfe der Vorgaben.

	x = −5	x = −1	x = 0	x = 1	x = 5
$l(x) = x^{-2}$	0,04	1	–	1	0,04
$m(x) = x^{-2} - 10$	−9,96	−9	–	−9	−9,96
$n(x) = x^{-2} + 5$	5,04	6	–	6	5,04

Zusatzaufgabe: Zeichnen Sie die Graphen mit einem GTR.

3 Geben Sie die Funktionsgleichung des entstandenen Graphen an. Den Graphen von $g(x) = x^2$ nennt man Normalparabel.

Hilfe:

a) Die Normalparabel wird 11 Einheiten nach unten verschoben. $\qquad f(x) = x^2 - 11$

b) Die Normalparabel wird 13 Einheiten nach links verschoben. $\qquad f(x) = (x+13)^2$

c) Die Normalparabel wird 7 Einheiten nach links und 9 Einheiten nach oben verschoben. $\qquad f(x) = (x+7)^2 + 9$

d) Die Normalparabel wird 17 Einheiten nach oben und 3 Einheiten nach rechts verschoben. $\qquad f(x) = (x-3)^2 + 17$

---

4 Strecken und Stauchen in y-Richtung: Graph, Funktionsgleichung und Wertetabelle

Hilfe: Der Graph g mit $g(x) = a \cdot f(x)$ geht aus dem Graphen f durch Strecken bzw. Stauchen mit dem Streckfaktor a $(a \neq 0)$ in y-Richtung hervor. Wenn $|a| > 1$ ist, dann wird gestreckt. Wenn $|a| < 1$ ist, dann wird gestaucht.

a) Beschriften Sie die Graphen. Skizzieren Sie beide fehlenden Graphen.

$f(x) = x^{-6} \qquad g(x) = 2x^{-6} \qquad h(x) = 0,2x^{-6}$

$i(x) = x^8 \qquad j(x) = 2x^8 \qquad k(x) = 0,2x^8$

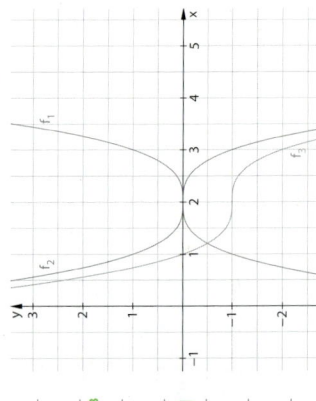

b) Vervollständigen Sie die Tabelle nur mithilfe der Vorgaben.

	x = −1,3	x = −1	x = 0	x = 1	x = 1,3
$l(x) = x^{-5}$	−0,269	−1	–	1	0,269
$m(x) = 10x^{-5}$	−2,69	−10	–	10	2,69
$n(x) = 0,1x^{-5}$	−0,0269	−0,1	–	0,1	0,0269

Zusatzaufgabe: Zeichnen Sie die Graphen mit einem GTR.

5 Spiegeln an der x-Achse: Graph, Funktionsgleichung und Wertetabelle

Hilfe: Der Graph g mit $g(x) = -f(x)$ geht aus dem Graphen f durch Spiegeln an der x-Achse hervor.

a) Beschriften Sie die Graphen. Skizzieren Sie beide fehlenden Graphen.

$f(x) = x^3 \qquad g(x) = x^{-3} \qquad h(x) = x^{-6}$

$i(x) = -x^3 \qquad j(x) = -x^{-3} \qquad k(x) = -x^{-6}$

b) Vervollständigen Sie die Tabelle nur mithilfe der Vorgaben.

	x = −2	x = −1	x = 0	x = 1	x = 2
$l(x) = x^4$	16	1	0	1	16
$m(x) = -x^4$	−16	−1	0	−1	−16
$n(x) = x^{-4}$	0,0625	1	–	1	0,0625

Zusatzaufgabe: Zeichnen Sie die Graphen mit einem GTR.

6 Der Graph f der Funktion $f(x) = -(x-2)^3 - 1$ ging aus dem Graphen g von $g(x) = x^3$ hervor. Geben Sie die Veränderungen an.

z. B.

Verschieben um 2 Einheiten nach rechts $\qquad f_1(x) = (x-2)^3$

Spiegeln an x-Achse $\qquad f_2(x) = -(x-2)^3$

Verschieben um eine Einheit nach unten $\qquad f_3(x) = -(x-2)^3 - 1$

(Die Reihenfolge der Transformationen kann getauscht werden.)

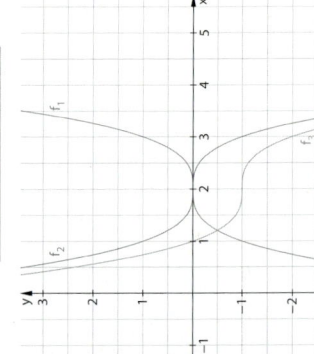

Weiterführende Aufgaben

10 Entwickeln Sie schrittweise aus dem Graphen der Funktion $f(x) = x^{-1}$ den Graphen von $i(x) = -(x+1)^{-1} - 2$.

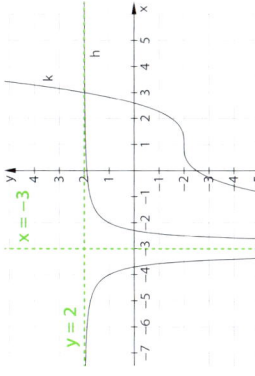

	1. Verschiebung um **eine Einheit nach links**	2. Spiegelung an der **x-Achse**	3. Verschiebung um **2 Einheiten nach unten**
	$x = -1$, $y = 0$	$x = -1$, $y = 0$	$x = -1$, $y = -2$
$f(x) = x^{-1}$	$g(x) = (x+1)^{-1}$	$h(x) = -(x+1)^{-1}$	$i(x) = -(x+1)^{-1} - 2$

Zusatzaufgabe: Zeichnen Sie die Asymptoten ein.

11 Die Graphen der Funktionen $h(x)$ und $k(x)$ sind entstanden aus den Graphen von $f_1(x) = x^3$ bzw. $f_2(x) = x^{-2}$. Geben Sie jeweils eine Gleichung für h, k und die Asymptoten von h an.

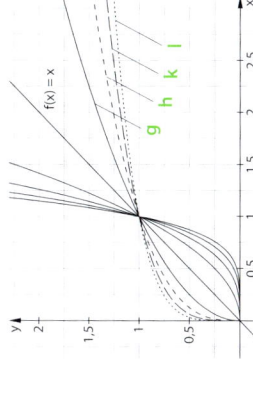

$h(x) = -(x+3)^{-2} + 2$

$k(x) = 0{,}5 \cdot (x-1)^3 - 2$

Asymptoten von h: $x = -3$ und $y = 2$

12 Geben Sie die jeweils passende Funktionsgleichung an.
Der Graph der Funktion $f(x) = x^{-1}$ wird nacheinander:

verschoben um 4 Einheiten in positiver x-Richtung $\qquad g(x) = (x-4)^{-1}$

gespiegelt an der x-Achse $\qquad h(x) = -(x-4)^{-1}$

gestreckt mit dem Faktor 2 $\qquad i(x) = -2(x-4)^{-1}$

verschoben um eine Einheit in positiver y-Richtung $\qquad j(x) = -2(x-4)^{-1} + 1$

13 Graphen wurden an $f(x) = x$ für $x \geq 0$ gespiegelt. Beschreiben Sie die Graphen g, h, k und l. Geben Sie, wenn möglich, die fehlende Koordinate an.

$g(x) = x^{\frac{1}{2}} \qquad A(1|\underline{\,1\,}) \qquad B(36|\underline{\,6\,})$

$h(x) = x^{\frac{1}{3}} \qquad H(1|\underline{\,1\,}) \qquad I(27|\underline{\,3\,})$

$k(x) = x^{\frac{1}{4}} \qquad J(1|\underline{\,1\,}) \qquad K(16|\underline{\,2\,})$

$l(x) = x^{\frac{1}{5}} \qquad L(1|\underline{\,1\,}) \qquad M(32|\underline{\,2\,})$

---

7 Strecken und Stauchen in x-Richtung: Graph, Funktionsgleichung und Wertetabelle

Hilfe: Der Graph g mit $g(x) = f(b \cdot x)$ mit $b \neq 0$ geht aus dem Graphen f durch Strecken bzw. Stauchen in x-Richtung hervor. Wenn $|b| > 1$ ist, dann wird der Graph gestaucht. Ist $0 < b < 1$, dann wird der Graph mit dem Streckfaktor $\frac{1}{b}$ gestreckt. Ist $b < 0$, wird der Graph zusätzlich an der y-Achse gespiegelt.

a) Beschreiben Sie die Graphen. Skizzieren Sie beide fehlenden Graphen.

$f(x) = x^5 \qquad g(x) = (0{,}5x)^5 \qquad h(x) = (-0{,}5x)^5$

$i(x) = x^{-4} \qquad j(x) = (0{,}5x)^{-4} \qquad k(x) = (-1{,}2x)^{-4}$

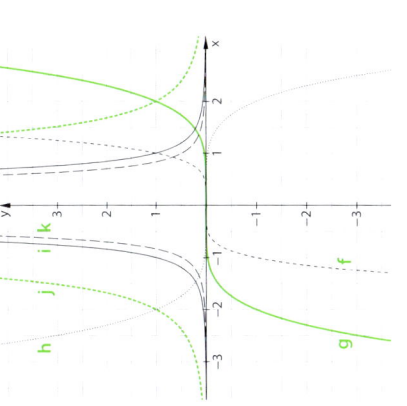

b) Vervollständigen Sie die Tabelle nur mithilfe der Vorgaben.

	x=-5	x=-1	x=0	x=1	x=5
$l(x) = 2x^{-4}$	0,0032	2	–	2	0,0032
$m(x) = 8 \cdot x^{-4}$	0,0128	8	–	8	0,0128
$n(x) = -4x^{-4} - 1$	-1,0064	-5	–	-5	-1,0064

Zusatzaufgabe: Zeichnen Sie die Graphen mit einem GTR.

8 Spiegeln an der y-Achse: Graph, Funktionsgleichung und Wertetabelle

Hilfe: Der Graph g mit $g(x) = f(-x)$ geht aus dem Graphen von f durch Spiegelung an der y-Achse hervor.

a) Beschreiben Sie die Graphen. Geben Sie die Funktionsgleichungen zu den gespiegelten Graphen an.

$f(x) = x^2 + 2x + 1 = (x+1)^2 \qquad g(x) = (-x)^2 + 2 \cdot (-x) + 1 = (x-1)^2$

$h(x) = x^3 + 1 \qquad\qquad i(x) = (-x)^3 + 1 = -x^3 + 1$

$j(x) = 0{,}5x^4 - 2x \qquad k(x) = 0{,}5 \cdot (-x)^4 - 2 \cdot (-x) = 0{,}5x^4 + 2x$

b) Vervollständigen Sie die Tabelle zu gespiegelten Graphen.

	x=-3	x=-1	x=0	x=1	x=3
$l(x) = (x+1)^{-4}$	0,0625	–	1	0,0625	0,0039
$m(x) = (-x+1)^{-4}$	0,0039	0,0625	1	–	0,0625

Zusatzaufgabe: Zeichnen Sie die Graphen mit einem GTR.

9 Der Graph der Funktion $g(x) = a \cdot (x-d)^n + e$ geht aus dem Graphen von $f(x) = x^n$ durch Transformationen hervor. Markieren Sie zusammengehörige Karten mit der gleichen Farbe.

Streckung in y-Richtung **A**	Stauchung in y-Richtung **B**	Spiegelung an der x-Achse **C**

Verschiebung in negative x-Richtung **D**	Verschiebung in positive x-Richtung **E**

Verschiebung in negative y-Richtung **F**	Verschiebung in positive y-Richtung **G**

$|a| > 1$ **A**	$a = -1$ **C**	$d > 0$ **E**	$|a| < 1$ **B**	$n > 0$	$e < 0$ **F**	$d < 0$ **D**	$e > 0$ **G**

Basisaufgaben

1 Funktionsgleichungen zu Graphen: Kreuzen Sie alle passenden Funktionsgleichungen an.

☐ $f(x) = (x+2)^{-1}$ ☒ $f(x) = 2^{1-x}$
☒ $f(x) = \dfrac{2}{2^x}$ ☐ $f(x) = 2^{x-1}$
Exponentialfunktion

☒ $g(x) = -x^{-2}-1$ ☐ $g(x) = -1 + \dfrac{1}{x^2}$
☐ $g(x) = -(x-1)^{-2}$ ☐ $g(x) = 1 - x^2$
Potenzfunktion

☒ $h(x) = 2\cdot\cos(x)$ ☒ $h(x) = 2\cdot\sin\left(x+\dfrac{\pi}{2}\right)$
☒ $h(x) = 2\cdot\cos(x+2\pi)$ ☐ $h(x) = -x^2+(-x)^2+(-x^2)$
Trigonometrische Funktion (Sinus- oder Kosinusfunktion)

Zusatzaufgabe: Geben Sie den zum Graphen passenden Funktionstypen an.

2 Funktionsgleichungen zu Wertetabellen: Geben Sie je drei verschiedenartige passende Funktionsgleichungen an.

z.B.

a)
x	-1	0	1
y	1	0	1

$f(x) = x^2$ $(f(x) = x^4)$
$g(x) = |x|$
$h(x) = -\dfrac{1}{2}\cos(\pi\cdot x) + \dfrac{1}{2}$

b)
x	-1	0	1
y	-1	0	1

$f(x) = x^3$ $(f(x) = x^5)$
$g(x) = x$
$h(x) = \sin\left(\dfrac{\pi}{2}x\right)$

c)
x	-1	0	1
y	-1	0	1

$f(x) = -x^4$ $(f(x) = -x^6)$
$g(x) = -x^2$
$h(x) = -|x|$

d)
x	-1	0	1
y	1	0	-1

$f(x) = -x$
$g(x) = -x^3$
$h(x) = -x^5$

Zusatzaufgabe: Geben Sie möglichst viele Funktionsgleichungen an. Überprüfen Sie Ihre Ergebnisse mit einem GTR.

3 Geben Sie eine Funktionsgleichung an, die zur Wertetabelle passt.

a)
x	-2	-1	0	1	2
y	8	0,5	0	0,5	8

$f(x) = 0{,}5 \cdot x^4$

b)
x	-2	-1	0	1	2
y	-17	-1,5	-1	-0,5	15

$f(x) = 0{,}5 \cdot x^5 - 1$

c)
x	-2	-1	0	1	2
y	0,125	1	–	-1	-0,125

$f(x) = -1 \cdot x^{-3}$

d)
x	0	1	2
y	0	10	-0,125

$f(x) = 10 \cdot x^{0{,}5}$

e)
x	$-\pi$	$-\frac{1}{2}\pi$	0	$\frac{1}{2}\pi$	π
y	10	9	10	11	10

$f(x) = \sin(x) + 10$

f)
x	-2π	$-\pi$	0	π	2π
y	10	-10	10	-10	10

$f(x) = 10 \cdot \cos(x)$

Zusatzaufgabe: Überprüfen Sie Ihre Ergebnisse mit einem GTR.

Exponenten: −3; 0,5; 1; 4; 5
Streckfaktoren: −1; 0,5; 1; 10
Verschiebungen: −1; 1; 10

---

4 Parametereinfluss: Es wird je eine Transformation nach der anderen ausgeführt. Ergänzen Sie die Tabelle.

Abkürzungen der Transformationen:
Vx: Verschiebung in x-Richtung
Vy: Verschiebung in y-Richtung
Sx: Spiegeln an der x-Achse
SKx: Streckung in x-Richtung
SHx: Stauchung in x-Richtung
Sy: Spiegeln an der y-Achse
SKy: Streckung in y-Richtung
SHy: Stauchung in y-Richtung

alte Funktionsgleichung	Transformation	neue Funktionsgleichung
$f(x) = x^2$	SKy um den Faktor 2 und Sx	$f_1(x) = -2\cdot x^2$
$g(x) = x^{-1}$	Vx um 2 Einheiten in positiver Richtung; SHx um den Faktor 0,5	$g_1(x) = \dfrac{1}{2}\cdot(x-2)^{-1}$
$h(x) = 2^x$	Vx um 1 Einheit in negativer Richtung; (SKy mit dem Faktor 2)	$h_1(x) = 2^{1+x}$
$k(x) = \sin(x)$	SKx (Verdopplung der Periode)	$k_1(x) = \sin\left(\dfrac{x}{2}\right)$
$m(x) = x^5$	Vy um 2 Einheiten in positiver Richtung und Sx	$m_1(x) = -(x^5+2)$

Weiterführende Aufgaben

5 Drei Sachverhalte werden durch Messwerte beschrieben.

①
Zeit in s	0	1	2	3	4
Füllhöhe in dm	1,0	4,5	8,0	11,5	15,0

$f_1(x) = 1 + 3{,}5x$

②
Zeit in d	0	1	2	3	4
Masse Bakterien in mg	10,00	18,00	32,40	58,32	104,98

$f_2(x) = 10\cdot 1{,}8^x$

③
Zeit in s	0	1	2	3	4
Fallweg in m	0	5	20	45	80

$f_3(x) = 5\cdot x^2$

a) Ergänzen Sie die passende Nummer. Begründen Sie Ihre Entscheidung.
Lineares Wachstum liegt vor bei ①.
Die Steigung ist in jedem Zeitintervall unverändert.
Exponentielles Wachstum liegt vor bei ②.
Die Masse wächst pro Tag um den gleichen Prozentsatz (80%).
Quadratisches Wachstum liegt vor bei ③.
Der zurückgelegte Weg wächst weder linear noch exponentiell, also eventuell quadratisch.

b) Geben Sie für jeden Sachverhalt hinter der Tabelle eine passende Funktionsgleichung an.

6 Ermitteln Sie eine Funktionsgleichung der Form $f(x) = a\cdot\sin(b\cdot(x-c)) + d$ mit $f(0) = 1$ und $1 \le y \le 3$.
$1 \le y \le 3$ ist der Wertebereich, somit gilt: $d = 2$ und $|a| = 1$.
$f(0) = 1$, d.h., $1 = 1\cdot\sin(b\cdot(0-c)) + 2$, somit gilt: $-1 = \sin(-b\cdot c)$, daraus folgt $1 = \sin(b\cdot c)$.
Zum Beispiel ergibt sich für $b = 1$ **und** $c = \dfrac{\pi}{2}$ **eine wahre Aussage:** $f(x) = 1\cdot\sin\left(1\cdot\left(x-\dfrac{\pi}{2}\right)\right) + 2$.

Test – Potenzfunktionen

1 Kreuzen Sie die Funktionen an, auf die es zutrifft.

a) Potenzfunktionen sind …

[x] $f(x)=x^{0{,}25}$	[x] $g(x)=x^{25}$	[ ] $h(x)=\sin(x)$	[x] $k(x)=(x+2)^{-5}$

b) Der Graph ist symmetrisch zur y-Achse.

[x] $f(x)=x^{4}$	[ ] $g(x)=x^{3}-1$	[ ] $h(x)=x^{-1}$	[x] $k(x)=2x^{-2}$

c) Der Graph ist symmetrisch zum Ursprung.

[ ] $f(x)=x^{4}$	[x] $g(x)=x^{3}$	[ ] $h(x)=x^{-1}$	[ ] $k(x)=2x^{-2}$

d) Für $x\to\infty$ geht $y\to\infty$,

[ ] $f(x)=-x^{6}$	[x] $g(x)=x^{15}$	[ ] $h(x)=x^{-3}$	[ ] $k(x)=0{,}5x^{-2}$

e) Für $x\to\infty$ geht $y\to-\infty$,

[x] $f(x)=-x^{6}$	[ ] $g(x)=x^{15}$	[ ] $h(x)=x^{-3}$	[ ] $k(x)=0{,}5x^{-2}$

f) Für $x\to\infty$ geht $y\to0$ (von oben).

[ ] $f(x)=-x^{6}$	[ ] $g(x)=x^{15}$	[x] $h(x)=x^{-3}$	[x] $k(x)=0{,}5x^{-2}$

g) Für $x\to-\infty$ geht $y\to\infty$,

[ ] $f(x)=-x^{6}$	[ ] $g(x)=x^{15}$	[ ] $h(x)=x^{-3}$	[ ] $k(x)=0{,}5x^{-2}$

h) Für $x\to-\infty$ geht $y\to-\infty$,

[x] $f(x)=-x^{6}$	[x] $g(x)=x^{15}$	[ ] $h(x)=x^{-3}$	[ ] $k(x)=0{,}5x^{-2}$

i) Für $x\to-\infty$ geht $y\to0$ (von unten).

[ ] $f(x)=-x^{6}$	[ ] $g(x)=x^{15}$	[x] $h(x)=x^{-3}$	[x] $k(x)=0{,}5x^{-2}$

2 Kreuzen Sie die wahren Aussagen an.

[x] Jede Potenzfunktion $f(x)=x^{n}$ mit ungeradem natürlichem Exponenten ist streng monoton steigend.

[ ] Die Funktionswerte jeder Potenzfunktion $f(x)=x^{n}$ mit negativem ganzzahligem Exponenten gehen für $x\to\infty$ gegen null.

[x] Jede Potenzfunktion $f(x)=x^{n}$ mit geradem natürlichem Exponenten hat im Ursprung den kleinsten Funktionswert.

[x] Jede Potenzfunktion $f(x)=x^{n}$ mit ungeradem ganzzahligem Exponenten ist punktsymmetrisch zum Ursprung.

[x] Alle quadratischen Funktionen sind auch Potenzfunktionen.

[x] Wurzelfunktionen sind spezielle Potenzfunktionen.

3 Ordnen Sie den Graphen der Funktionen zugehörige Punkte zu. Markieren Sie zusammengehörende Karten mit der gleichen Farbe. Eine Karte bleibt übrig. Ein Punkt wird mehrmals zugeordnet.

$f(x)=0{,}5x^{2}$ A	$g(x)=(x-1)^{-1}$ B	$h(x)=3x^{-4}$ B
$k(x)=0{,}5x^{-5}$ D	$i(x)=2(x-1)^{3}+4$ E	

$A(0\,|\,0)$ A	$B(3\,|\,0{,}5)$ B	$C(-1\,|\,3)$ C
$D(0\,|\,-1)$ B	$E(2\,|\,1)$ B	$F(0\,|\,2)$ E
$G(-1\,|\,-0{,}5)$ A	$H(-1\,|\,1)$	$I(-1\,|\,-12)$ E
$J(2\,|\,2)$ A		

4 Kreuzen Sie an, welche Auswirkungen die Parameter a, b, und c der Funktion $g(x)=a\cdot f(x+b)+c$ auf den Graphen der Funktion $g(x)$ haben.

	$|a|>1$	$|a|<1$	$a=-1$	$b>0$	$b<0$	$c>0$	$c<0$
Verschiebung in positive y-Richtung						x	
Verschiebung in positive x-Richtung					x		
Spiegelung an der x-Achse			x				
Streckung in y-Richtung	x						
Stauchung in y-Richtung		x					
Verschiebung in negative y-Richtung							x
Verschiebung in negative x-Richtung				x			

---

5 Gegeben ist die Funktion f. Beschriften Sie den passenden Graphen. Geben Sie für die restlichen Graphen die Funktionsgleichungen an.

a)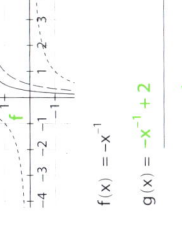

$f(x)=x^{4}$

$g(x)=(x-2)^{4}$

$h(x)=|x-2|^{4}+1$

b)

$f(x)=-x^{-1}$

$g(x)=-x^{-1}+2$

$h(x)=-0{,}5x^{-1}+2$

c)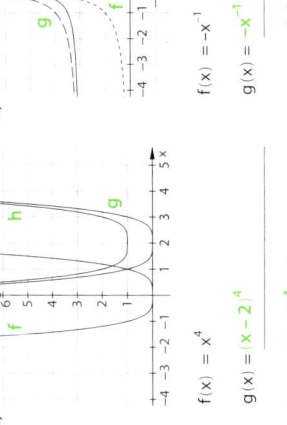

$f(x)=\tfrac{1}{2}(x-2)^{3}-4$

$g(x)=\tfrac{1}{2}(x+2)^{3}-4$

$h(x)=|x-2|^{-3}+4$

6 Familie Winter betrachtet im Internet die Einfahrt ihres zukünftigen Zuhauses. Die Form des Tors kann durch die Funktion $f(x)=-0{,}2x^{4}+4$ beschrieben werden.

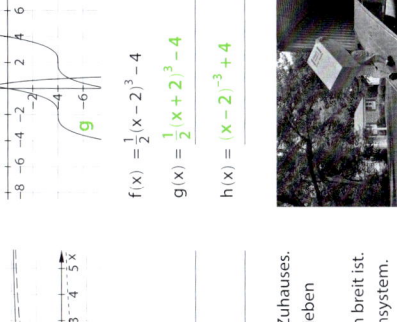

Die Umzugsfirma kommt mit einem Lkw, der 3,40 m hoch und 2,49 m breit ist.

a) Skizzieren Sie den Graphen von $f(x)=-0{,}2x^{4}+4$ im Koordinatensystem.

b) Passt der Lkw durch das Tor? Begründen Sie Ihre Entscheidung mithilfe einer Rechnung.

$3{,}4=-0{,}2x^{4}+4 \qquad |\cdot(-5)$
$-17=x^{4}-20 \qquad |+20$
$3=x^{4}$
$x_{1}\approx1{,}32 \qquad x_{2}\approx-1{,}32$

In der Höhe von 3,4 m hat das Tor eine Breite von 2,64 m, also passt der Lkw hindurch.

7 Im Gleichstromkreis ist die Stromstärke I bei konstanter Spannung U vom Widerstand R abhängig: $I(R)=\dfrac{U}{R}$.
Das Diagramm zeigt den Zusammenhang für $U=230$ V.

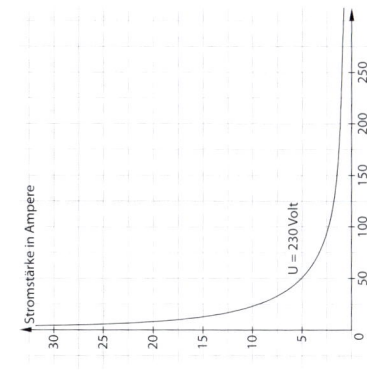

a) Vervollständigen Sie die Aussage mithilfe der Potenzfunktion. Wenn der Widerstand sehr groß wird, dann wird die Stromstärke sehr klein.

b) Die Spannung beträgt 230 Volt. Ergänzen Sie die fehlenden Werte.

Stromstärke	Widerstand
10 Ampere	23 Ohm
2,3 Ampere	100 Ohm

Gleichungen ganzrationaler Funktionen

Basisaufgaben

1 Grad ganzrationaler Funktionen und Punkte:

Funktion	Grad	Punkte
$f_1(x) = x^3 - 2x^2 + 1$	3	E; F
$f_2(x) = 4x \cdot (x - x^2)$	3	D; F
$f_3(x) = -2$	0	C; K
$f_4(x) = 1,5 + x$	1	H
$f_5(x) = (x+1) \cdot (x-1)$	2	A; B; F

A(0|-1) H(-1|1½) G(½|1/16)

B(3|8) D;F

K(1000|-2) E(√2|√2 - 3)

C(-2|-2)

F(1|0) D(-0,5|1,5)

a) Geben Sie den Grad der ganzrationalen Funktion an.
Ordnen Sie die Punkte den Graphen der ganzrationalen Funktionen zu.
Hilfe: Der höchste Exponent gibt den Grad an. Z.B. $f_5(2) = 3^2 - 3 = 3 \cdot 3 - 3 = 3$, d.h. $S_5(x) = f_5(x)$ liegt.

b) Einer der Punkte lässt sich keinem der Graphen der gegebenen Funktionen zuordnen.
Geben Sie eine Gleichung einer ganzrationalen Funktion an,
auf deren Graph dieser Punkt liegt.
z.B. **Punkt G liegt auf $f(x) = x^4$.**

c) Ermitteln Sie die fehlenden Koordinaten der Punkte auf dem Graphen von $f_1(x) = x^3 - 2x^2 + 1$.
P(-1|_-2_)   Q(10|_801_)   R(_3_|10)   S_1(_2_|1) und S_2(_0_|1)

2 Koeffizienten ganzrationaler Funktionen: Die Koeffizienten sind die Faktoren bei den Potenzen.

a) Markieren Sie, soweit möglich, die Koeffizienten der ganzrationalen Funktion.
Geben Sie den häufigsten Koeffizienten an.
$f(x) = x^7 + 0{,}2x^6 + x^5 \cdot 6 - 7x^4 - x - 1$ Der häufigste Koeffizient ist _-1_.

$x^0 = 1 \quad (x \neq 0)$
$5x^0 = 5 \quad (x \neq 0)$
$0x^4 = 0$

b) Die Gleichung $f(x) = 2x^4 + 3x^3 + 2x^2 + 2x + 3$ ist ein Beispiel für eine ganzrationale Funktion vierten Grades,
in der ausschließlich die Koeffizienten 2 oder 3 vorkommen. Notieren Sie drei Gleichungen von ganzrationalen
Funktionen vierten Grades, in denen ausschließlich die Koeffizienten 1 oder 5 vorkommen.

z.B.: $f(x) = 5x^4 + 5x^3 + 5x^2 + 5x + 5$; $g(x) = x^4 + 5x^3 + x^2 + x^3 + 5x + 1$; $h(x) = x^4 + x^3 + x^2 + 5x + 1$

Zusatzaufgabe: Wie viele derartige Funktionen gibt es? $2^5 = 32$

c) Geben Sie den Grad und die Koeffizienten von $f(x) = (x^3 - x^2) \cdot (x + 5)$ an.
$f(x) = (x^3 - x^2) \cdot (x + 5) = x^4 - x^3 + 5x^3 - 5x^2 = x^4 + 4x^3 - 5x^2$ **Grad: 4**   **Koeffizienten: -5; 1; 4**

3 Graphen und Funktionsgleichungen: Beschriften Sie die Graphen, ohne ein digitales Hilfsmittel zu nutzen.

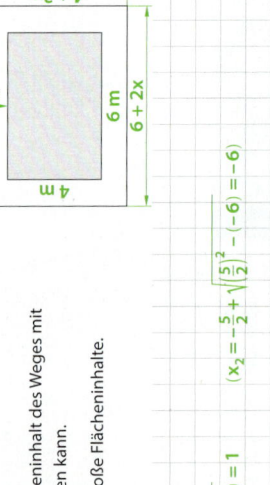

$f(x) = x^3 + x^2$

$g(x) = x^3 + x$ $h(x) = x^3 + x^4$ $k(x) = -x^3 + x^2$

$i(x) = x^3 + 4x^2$ $l(x) = -x^4 + x^3 + 3$

Zusatzaufgabe: Zwei Funktionsgleichungen bleiben übrig. Skizzieren Sie die passenden Graphen.

---

4 Gegeben sind die Funktionen $f(x) = x^2$ und $g(x) = 2 - x$, beide sind für $x \in \mathbb{R}$ definiert.

$j(x) = f(x) \cdot g(x) = -x^3 + 2x^2$
$k(x) = f(x) + g(x) = x^2 - x + 2$
$l(x) = f(x) - g(x) = x^2 + x - 2$

a) Ergänzen Sie die Funktionsterme und ordnen Sie diese den abgebildeten Graphen zu.
Zusatzaufgabe: Begründen Sie eine Ihrer Entscheidungen.
individuelle Lösung   (Begründung z.B. anhand der Nullstellen oder der Punktprobe)

b) Kreuzen Sie die ganzrationalen Funktionen an.
☐ $m(x) = 2 : g(x) = \dfrac{2}{2-x}$

☒ $n(x) = 2 \cdot g(x) = 2 \cdot (2-x) = 4 - 2x$

☒ $o(x) = g(x) : 2 = (2-x):2 = 1 - 0{,}5x$

☒ $p(x) = g(x)^2 = (2-x)^2 = x^2 - 4x + 4$

c) Beschreiben Sie den Einfluss des Parameters a auf die Nullstellen der Funktionen $s_a(x) = (2-x) \cdot (a-x)$.
Eine Nullstelle liegt immer bei $x = 0$ und für $a \neq 0$ gibt es eine zweite Nullstelle bei $x = a$ ($a \in \mathbb{R}$).

Weiterführende Aufgaben

5 Ein rechteckiges Beet ist 4 m lang und 6 m breit.
Es wird von einem gleich breiten Wegen umgeben.

a) Beschriften Sie die Zeichnung so, dass der Flächeninhalt des Weges mit
$A(x) = (4 + 2x) \cdot (6 + 2x) - 6 \cdot 4$ berechnet werden kann.

b) Der gesamte Weg und das Beet haben gleich große Flächeninhalte.
Ermitteln Sie die Breite des Weges.

$A(x) = 24$ $4x^2 + 20x - 24 = 0$

$x^2 + 5x - 6 = 0$ $x_1 = -\frac{5}{2} + \sqrt{\left(\frac{5}{2}\right)^2 - (-6)} = 1$ $\left(x_2 = -\frac{5}{2} - \sqrt{\left(\frac{5}{2}\right)^2 - (-6)} = -6\right)$

Der Weg ist 1 m breit.

6 Auf dem Graphen einer ganzrationalen Funktion
$f(x) = x^3 + a \cdot x^2 + b \cdot x + c$ liegen die Punkte
A(0|1), B(1|2) und C(-1|4).
Bestimmen Sie die Koeffizienten a, b und c mit einem GTR und geben
Sie die Funktionsgleichung an.
$f(x) = x^3 + 2x^2 - 2x + 1$

$f(x) = x^3 + a \cdot x^2 + b \cdot x + c$
solve$\left(\left\{\begin{array}{l} f(0)=1 \\ f(1)=2 \\ f(-1)=4 \end{array}\right\}, \{a,b,c\}\right)$

7 Graphen ganzrationaler Funktionen mit den Punkten A, B, C und D
a) Ergänzen Sie mittels GTR passende Koeffizienten.

Funktion 3. Grades: $f(x) = \underline{1}\, x^3 - \underline{1} \cdot x^2 - \underline{1} \cdot x + \underline{1}$

Funktion 4. Grades: $g(x) = \underline{1}\, x^4 - \underline{1} \cdot x^3 - \underline{2} \cdot x^2 + \underline{1} \cdot x + \underline{1}$

b) Zeichnen Sie die Graphen in das Koordinatensystem ein.

Zusatzaufgabe: Ermitteln Sie Gleichungen ganzrationaler Funktionen
5. Grades, deren Graphen durch die Punkte A, B, C und D verlaufen.
individuelle Lösung

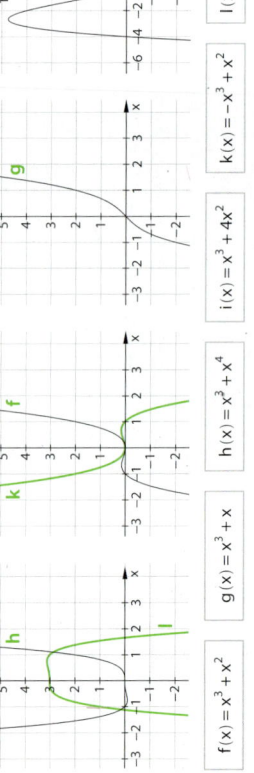

Fertig

Test – Ganzrationale Funktionen

1 Kreuzen Sie Zutreffendes an.

a) Terme ganzrationaler Funktionen sind ...
[ ] $x^2 + 2^x$ [x] $x^2 + \sqrt{2} \cdot x$ [x] $x^2 \cdot (3 - x)$ [x] $x + 1$

b) Nullstellen von $f(x) = 2x^3 - 2x$ sind ...
[x] $x = -1$ [ ] $x = 2$ [x] $x = 0$ [x] $x = 1$

c) Die Graphen zu den Funktionstermen sind symmetrisch zur y-Achse.
[x] x^6 [ ] $x^4 - 3x$ [x] $5x^{100} - 3x^{50}$ [ ] $2x^3 \cdot (x^2 - 4x)$

d) Die Graphen zu den Funktionstermen sind punktsymmetrisch zum Ursprung.
[ ] $x^3 - x + 1$ [x] $2x$ [x] $x(x^2 - 2)$ [x] $2x^{51} - 4x^{27}$

e) Die Funktion $f(x) = (x^2 - 4) \cdot (x^2 - 1)$ hat ... Hochpunkte (H) und ... Tiefpunkte (T).
[x] 2 T und 1 H [ ] 2 H und 1 T [ ] 1 T und 0 H [ ] 1 H und 0 H

f) $f(x) = 0.1 \cdot (x + 5) \cdot (x + 2) \cdot x^2 \cdot (x - 3)$ hat ein lokales Maximum im Intervall ...
[x] $-5 \le x \le -2$ [x] $-2 \le x \le 1$ [ ] $0 < x \le 2.5$ [ ] $3 \le x \le 5$

2 Kreuzen Sie alle passenden Funktionsterme an.

Von einer ganzrationalen Funktion 3. Grades sind die Punkte A(0|0), B(1|10), C(6|0) und D(3|0) bekannt. Passende Funktionsterme zu dieser Funktion sind ...

[ ] $-x^3 + 9x^2 - 1$
[ ] $x(x + 3)(x + 6)$
[x] $x^3 - 9x^2 + 18x$
[x] $x(18 - 9x + x^2)$
[x] $x(x - 3)(x - 6)$

Zum Graphen der abgebildeten ganzrationalen Funktion 3. Grades passt der Funktionsterm ...

[x] $x^2 \cdot (x - 2)$
[ ] $2x^2 - x^3$
[ ] $x^2 \cdot (2 - x)$
[ ] $-x^2 \cdot (2 + x)$
[x] $x^3 - 2x^2$

3 Geben Sie zwei Gemeinsamkeiten der ganzrationalen Funktionen f, g und h an.
$f(x) = x^2(x + 3)$ $g(x) = 0.6x^3 + 0.9x^2$ $h(x) = -x^2(3 + x)$

z. B.: **ganzrationale Funktionen 3. Grades**
doppelte Nullstelle $x = 0$ und einfache Nullstelle $x = -3$

4 Geben Sie das Globalverhalten der Funktion f mit $f(x) = 2x^{15} - 3x^8 + 2x - 3$ an.
Für $x \to +\infty$ gilt **$f(x) \to +\infty$.**   Für $x \to -\infty$ gilt **$f(x) \to -\infty$.**

5 Der Grad einer ganzrationalen Funktion ist ungerade. Begründen Sie, weshalb ihr Graph die x-Achse mindestens einmal schneidet.

Für sie gilt entweder: ① **Für $x \to \infty$ gilt $f(x) \to +\infty$ und für $x \to -\infty$ gilt $f(x) \to -\infty$, oder**

② **Für $x \to \infty$ gilt $f(x) \to -\infty$ und für $x \to -\infty$ gilt $f(x) \to +\infty$.**

Da man ihre Graphen zeichnen kann, ohne den Stift abzusetzen, muss mindestens einmal die x-Achse „überquert" werden.

6 Die ganzrationale Funktion 3. Grades f wurde mit ihrem lokalen Tiefpunkt und ihrem lokalen Hochpunkt dargestellt.

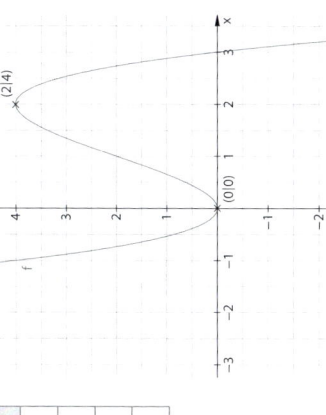

a) Ergänzen Sie die Tabelle.

Funktion	Tiefpunkt	Hochpunkt
$g(x) = f(x) + 2$	T(0|2)	H(2|6)
$h(x) = f(x + 1)$	T(-1|0)	H(1|4)
$k(x) = f(-x)$	T(0|0)	H(-2|4)
$m(x) = -0.5 \cdot f(x)$	T(2|-2)	H(0|0)

b) Geben Sie die doppelte und die einfache Nullstelle von f an.
doppelte Nullstelle: **$x = 0$**   einfache Nullstelle: **$x = 3$**

c) Die Funktion f hat eine Gleichung der Form $f(x) = a \cdot x^2 \cdot (x - d)$ mit $a, d \in \mathbb{R}$.
Ermitteln Sie die Gleichung von f.
$4 = a \cdot 2^2 \cdot (2 - 3) = -4a$
$f(x) = a \cdot x^2 \cdot (x - 3)$ und $f(2) = 4$, daraus folgt $a = -1$, somit gilt $f(x) = -1x^2 \cdot (x - 3) = -x^3 + 3x^2$.

7 Was lohnt sich?
Kosten k: $k(x) = 2x^3 - 12x^2 + 26x + 20$
Umsatz u: $u(x) = 20x$
Gewinn g: $g(x) = u(x) - k(x)$
x steht für die Anzahl der Produkte mit $(x \in \mathbb{R}; x \ge 0)$.
g(x) steht für den Betrag in Euro.

Ermitteln Sie mithilfe eines GTR die Schnittpunkte der Funktion g mit den Achsen und lokale Extrempunkte.
Geben Sie die praktische Bedeutung dieser Punkte im Sachzusammenhang an.

Schnittpunkt mit der y-Achse: $S_y(0|-20)$; kein Umsatz, nur Fixkosten, Verlust 20€

Schnittpunkte mit der x-Achse: $S_{x1}(2|0)$; $S_{x2}(5|0)$; bei 2 und 5 ist der Gewinn 0€ ($k(x) = u(x)$)

lokaler Hochpunkt: H(3,7|20,8); für 4 Stück (3,7 ≈ 4 ist der Gewinn mit ca. 20€ (20,8 > 20)
am größten. Für 3 Stück ist der Gewinn ca. 16 €.

8 Das Bild zeigt den Graphen der Funktion f.
Im Intervall $-\sqrt{2} < x < \sqrt{2}$ ist dem Graphen ein Rechteck ABCD einbeschrieben.
Der Punkt B hat die Koordinaten $B(u|f(u))$ mit $0 < u < \sqrt{2}$.

a) Kreuzen Sie die passende Funktionsgleichung an.
[x] $f(x) = 0.5x^4 - 2x^2 + 2$ [ ] $f(x) = 0.5x^4 - 2x^3$
[ ] $f(x) = 0.5x^3 - 2x + 2$ [ ] $f(x) = 0.5x^3 - 2x^2 + 2$

b) Geben Sie die Seitenlängen des Rechtecks für u = 1 an.
Seite $\overline{AD}$: **$2u = 2$**   Seite $\overline{AB}$: **$f(1) = 0.5 \cdot 1^4 - 2 \cdot 1^2 + 2 = 0.5$**

c) Stellen Sie sich vor, dass das Rechteck ABCD für u = 1 um die y-Achse rotiert und ein Zylinder entsteht. Geben Sie den Radius, die Höhe und das Volumen des Zylinders an.
Radius: **1**   Höhe: **0,5**   Volumen: **$V = \pi \cdot 1^2 \cdot 0.5 = 0.5\pi$**

Ein Glücksrad hat zwei Sektoren. Die Wahrscheinlichkeit, dass beim Drehen der Gewinnsektor erscheint, ist p. Es wird zweimal gedreht. Die Wahrscheinlichkeit, dass dabei genau ein Gewinn erzielt wird, ist ...
[ ] p^2
[ ] $p \cdot (1 - p)$
[ ] $p + p$
[x] $2 \cdot p \cdot (1 - p)$
[x] $2p - 2p^2$

6 Auf den Karten stehen die Nullstellen der Funktion.

Schreiben Sie den Buchstaben der Lösungskarte hinter den Funktionsterm.

a) $f(x) = (x+7)(x-6)$ **N**

b) $f(x) = (x^2-9)(x+2)$ **I**

c) $f(x) = (x+5)(x-\frac{1}{5})$ **B**

d) $f(x) = x^3(x+4)$ **R**

e) $f(x) = x^5 - 4x^3$ **E**

f) $f(x) = x^3 + 7x$ **L**

Karten:

$x_1 = 0;\ x_2 = -4$	R
$x_1 = 9;\ x_2 = -2$	G
$x_1 = 11$	C
$x_1 = 5;\ x_2 = -\frac{1}{5}$	S
$x_1 = 3;\ x_2 = -3;\ x_3 = 2$	D
$x_1 = 7;\ x_2 = -6$	T
$x_1 = -7;\ x_2 = -5;\ x_3 = 2$	N
$x_1 = 3;\ x_2 = -3;\ x_3 = -2$	I
$x_1 = -5;\ x_2 = \frac{1}{5}$	B
$x_1 = 0;\ x_2 = 2;\ x_3 = -3$	I
$x_1 = 0;\ x_2 = \sqrt{7};\ x_3 = -\sqrt{7}$	S
$x_1 = 0$	L
$x_1 = 0;\ x_2 = 2;\ x_3 = -2$	E

Zusatzaufgabe: Bilden Sie aus allen aufgeschriebenen Buchstaben den Namen einer Stadt in Deutschland.

B E R L I N

7 Ordnen Sie für die Ermittlung der Nullstellen benötigte Verfahren der Reihe nach zu.

Abkürzungen der Verfahren: A: Ausklammern   S: Substitution   F: Lösungsformel

a) $f(x) = x^5 - x^4 + 4x^3$ **1. A; 2. F**
   $L = \{0\}$

b) $f(x) = x^3 - 7x^2 + 6x$ **1. A; 2. F**
   $L = \{0;\ 1;\ 6\}$

c) $f(x) = x^3 - x$ **1. A**
   $L = \{-1;\ 0;\ 1\}$

d) $f(x) = 8x^4 - 0{,}5$ **1. S**
   $L = \{-0{,}5;\ 0{,}5\}$

e) $f(x) = 0{,}5x^4 + 2x^2 + 2$ **1. S; 2. F**
   $L = \{\ \}$

f) $f(x) = -2x^5 + 8x^3$ **1. A**
   $L = \{-2;\ 0;\ 2\}$

g) $f(x) = 7x^8 + 8x^7$ **1. A**
   $L = \{-\frac{8}{7};\ 0\}$

h) $f(x) = 2x^6 + 6x^4 - 8x^2$ **1. A; 2. S; 3. F**
   $L = \{-1;\ 0;\ 1\}$

i) $f(x) = -6x^2 + 4x^2 + 16x$ **1. A**
   $L = \{0;\ 8\}$

j) $f(x) = x(3x^3 + x^2 - 2x)$ **1. A; 2. F**
   $L = \{-1;\ 0;\ \frac{2}{3}\}$

Zusatzaufgabe: Ermitteln Sie die Nullstellen auf einem zusätzlichen Blatt.

8 Beurteilen Sie die Aussagen.

① Die Funktion $f(x) = (x^2+1)\cdot(x+2)$ hat drei Nullstellen.   ☐ wahr   [x] falsch
   $(x+2)$ **liefert genau eine Nullstelle** $x_0 = -2$. **Das Polynom** $x^2 + 1$ **hat für keine reelle Zahl den Wert 0.**

② Die Funktion $g(x) = (x^3-x)\cdot(x-1)\cdot(x+1)\cdot(x-5)^2$ besitzt vier Nullstellen.   [x] wahr   ☐ falsch
   $(x^3-x)\cdot(x-1)\cdot(x+1)\cdot(x-5)^2 = x\cdot(x-1)\cdot(x+1)\cdot(x-5)^2$; **Nullstellen: 0 (einfach), −1 (einfach), 1 (einfach) und 5 (zweifach)**

③ $h(x) = 7x^3 + 189$ hat keine Nullstelle.   ☐ wahr   [x] falsch
   $7\cdot(x^3 + 27)$; **Nullstelle: −3**

④ Jede ganzrationale Funktion 3. Grades besitzt eine Nullstelle.   [x] wahr   ☐ falsch
   Man kann die Graphen in einem Zug zeichnen, die Funktionswerte sind positiv und negativ, somit existiert eine Nullstelle.

⑤ Jede ganzrationale Funktion 3. Grades besitzt höchstens drei Nullstellen.   [x] wahr   ☐ falsch
   Bei mehr als drei Nullstellen gäbe es mehr als drei Linearfaktoren, beim Ausmultiplizieren entstände eine Potenz mit einem Exponenten größer als 3. Eine solche ganzrationale Funktion hat dann aber einen Grad größer als 3.

Zusatzaufgabe: Begründen Sie Ihre Entscheidungen.

9 Geben Sie die Gleichung einer ganzrationalen Funktion f 3. Grades an, die die Nullstellen 2, 3 und −1 hat und deren Graph durch den Punkt P(1|8) geht.

$f(x) = a\cdot(x-2)\cdot(x-3)\cdot(x+1)$

$8 = a\cdot(1-2)\cdot(1-3)\cdot(1+1) = 4a$, somit gilt $a = 2$

$f(x) = 2\cdot(x-2)\cdot(x-3)\cdot(x+1)$

Weiterführende Aufgaben

10 Geben Sie passende ganzrationale Funktionen an.

Nullstellen	Der Graph der Funktion ist ...	Funktionsgleichung
−2; 0; 2	achsensymmetrisch zur y-Achse	**z.B.** $x^2(x+2)(x-2);\ 7x^2(x+2)(x-2);\ -x^2(x+2)(x-2)$
−2; 0; 2	punktsymmetrisch zum Ursprung	**z.B.** $x(x+2)(x-2);\ 6x(x+2)(x-2);\ -x(x+2)(x-2)$
−2; 0; 2	weder achsen- noch punktsymmetrisch	**z.B.** $x(x+2)(x-2)^2;\ 5x(x+2)(x-2)^2;\ -x(x+2)(x-2)^2$

Zusatzaufgabe: Zeichnen Sie die Graphen der Funktionen mit dem GTR.

11 Graphen und Funktionsgleichungen

$f(x) = 6x(x-1)(x-2)$

$g(x) = 2(x+1)^3$

$i(x) = -0{,}1x(x-3)(x+2)^2$

$j(x) = -0{,}5x(x-2)^2(x+1)^2$

$h(x) = (x^2-4)\cdot x^2 + 2$

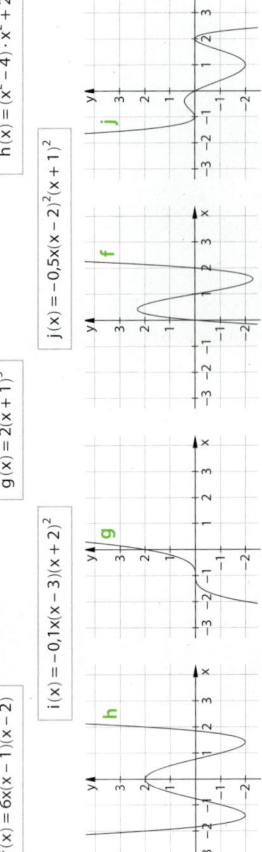

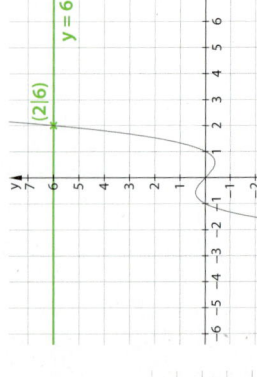

a) Beschriften Sie die Graphen.

b) Eine der Funktionsgleichungen kann bei Teilaufgabe a nicht zugeordnet werden.
   Skizzieren Sie den Graphen dieser Funktion mithilfe folgender Angaben.

   Globales Maximum bei x = 2 ist 3,2.   Tiefpunkt (−0,75|−0,44)

   Nullstellen: **−2; 0; 3**

   Für $x \to \infty$ gilt $f(x) \to -\infty$

   Für $x \to -\infty$ gilt $f(x) \to -\infty$

12 Eine quaderförmige Schachtel hat ein Volumen von 6 dm³. Die Kante a ist 1 dm kürzer als die Kante b und die Kante c ist 1 dm länger als die Kante b.

Ermitteln Sie die drei Kantenlängen mithilfe des Graphen.

$V = a\cdot b\cdot c$ und mithilfe des Graphen.

$a = b - 1$ **$c = b + 1$**

$V = a\cdot b\cdot c$

$6 = (b-1)\cdot b\cdot(b+1)$

$6 = b^3 - b$ **$b = 2$**

Die Kanten haben die Längen $a = $ **1** dm, $b = $ **2** dm und $c = $ **3** dm.

Basisaufgaben

1 Linearfaktoren: Ergänzen Sie die Nullstellen der Funktion f oder die Linearfaktoren.

Hilfe: $0 = (1 + x)\cdot(7 − x)\cdot x$ ist erfüllt, wenn ein Faktor null ist: Die Gleichung ...

a) $f(x) = (x − 1)\cdot(x + 2)\cdot(x − 3)$ Nullstellen: $x_1 = -2$ $x_2 = 1$ $x_3 = 3$

b) $f(x) = 0{,}7\cdot(x − 6)\cdot(x + 2)\cdot(2x − 2)$ Nullstellen: $x_1 = -2$ $x_2 = 1$ $x_3 = 6$

c) $f(x) = (x + 1)\cdot(x + 2)\cdot(x + 3)$ Nullstellen: $x_1 = -3$ $x_2 = -2$ $x_3 = -1$

d) $f(x) = -4\cdot(x + 1)\cdot(1\underline{} + x)\cdot(4\underline{} - x)$ Nullstellen: $x_1 = -1$ $x_2 = 4$

e) $f(x) = -0{,}1\cdot(x^2 + 1)\cdot(2\underline{} - x)\cdot(4\underline{} + x)$ Nullstellen: $x_1 = -4$ $x_2 = 2$

2 Beschriften Sie mithilfe der Nullstellen die Graphen.

$f(x) = -0{,}1\cdot(x + 3)\cdot(x − 3)$
$g(x) = 0{,}1\cdot(x + 3)\cdot(x + 1)\cdot(x − 2)$
$h(x) = 0{,}1\cdot(x − 3)\cdot(x + 3)\cdot(x^2 + 1)$
$i(x) = 0{,}5\cdot(x + 2)\cdot x\cdot(x − 3)$
$j(x) = 0{,}1\cdot(x − 3)\cdot(x − 1)\cdot(x + 1)\cdot(x + 3)$

Der Graph zur Funktion j ist nicht im Koordinatensystem.

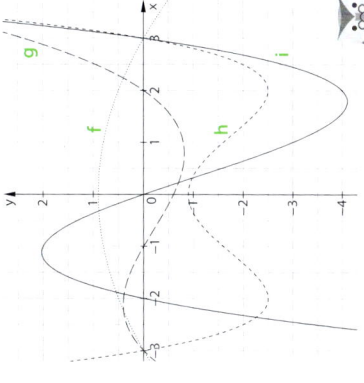

3 Ausklammern und Lösungsformel anwenden: Ermitteln Sie die Nullstellen.

a) $f(x) = 2x^3 + 2x^2 − 4x$
$0 = 2x^3 + 2x^2 − 4x$
$0 = 2x(x^2 + x − 2)$, also ist $x_1 = 0$.
$x_2 = -0{,}5 + \sqrt{0{,}5^2 + 2} = 1$
$x_3 = -0{,}5 - \sqrt{0{,}5^2 + 2} = -2$
Nullstellen: $x_1 = 0$ $x_2 = 1$ $x_3 = -2$

b) $f(x) = -2x^5 + 4x^4 + 6x^3$
$0 = -2x^5 + 4x^4 + 6x^3$
$0 = -2x^3(x^2 − 2x − 3)$, also ist $x_1 = 0$.
$x_2 = 1 + \sqrt{1 + 3} = 3$
$x_3 = 1 - \sqrt{1 + 3} = -1$
Nullstellen: $x_1 = 0$ $x_2 = 3$ $x_3 = -1$

c) $f(x) = x^4 + 3x^3 − 10x^2$
$0 = x^4 + 3x^3 − 10x^2$
$0 = x^2(x^2 + 3x − 10)$, also ist $x_1 = 0$.
$x_2 = -1{,}5 + \sqrt{1{,}5^2 + 10} = 2$
$x_3 = -1{,}5 - \sqrt{1{,}5^2 + 10} = -5$
Nullstellen: $x_1 = 0$ $x_2 = 2$ $x_3 = -5$

d) $f(x) = 1{,}5x^5 + 10{,}5x^4 + 9x^3$
$0 = 1{,}5x^5 + 10{,}5x^4 + 9x^3$
$0 = 1{,}5x^3(x^2 + 7x + 6)$, also ist $x_1 = 0$.
$x_2 = -3{,}5 + \sqrt{3{,}5^2 − 6} = -1$
$x_3 = -3{,}5 - \sqrt{3{,}5^2 − 6} = -6$
Nullstellen: $x_1 = 0$ $x_2 = -1$ $x_3 = -6$

4 Mehrfache Nullstellen: Ergänzen Sie fehlende Angaben.

a) $f(x) = (x − 1)^2\cdot(x + 8)\cdot(x − 2)^3$
einfache Nullstelle bei -8
doppelte Nullstelle bei 1
dreifache Nullstelle bei 2

b) $f(x) = 0{,}1(x + 1)^4\cdot(4 − 2x)^3$
dreifache Nullstelle bei 2
vierfache Nullstelle bei -1

c) $f(x) = (1 − x)^2\cdot(x + 7)\cdot(x − 5\underline{})^3$
einfache Nullstelle bei -7
doppelte Nullstelle bei 1
dreifache Nullstelle bei 5

d) $f(x) = x^2\cdot(x + 1)\cdot(x − 1)^3$
einfache Nullstelle bei -1
doppelte Nullstelle bei 0
dreifache Nullstelle bei 1

5 Substitution: Berechnen Sie die Nullstellen x_1, x_2 ... der biquadratischen Gleichungen mittels Substitution.

a) $f(x) = x^4 − 5x^2 + 4$
$0 = x^4 − 5x^2 + 4$
Substitution: $x^2 = u$
$0 = u^2 − 5u + 4$
$u_1 = 2{,}5 + \sqrt{2{,}5^2 − 4} = 4$ somit gilt:
$u_1 = x^2 = 4$ $x_1 = 2$ und $x_2 = -2$
$u_2 = 2{,}5 - \sqrt{2{,}5^2 − 4} = 1$ somit gilt:
$u_2 = x^2 = 1$ $x_3 = 1$ und $x_4 = -1$

b) $f(x) = x^4 − 16$
$0 = x^4 − 16$
Substitution: $x^2 = u$
$0 = u^2 − 16$
$u_1 = \sqrt{16} = 4$
$u_1 = x^2 = 4$ somit gilt: $x_1 = 2$ und $x_2 = -2$
$u_2 = -\sqrt{16} = -4$
$u_2 = x^2 = -4$ somit gilt:
Es gibt keine weitere reelle Lösung.

c) $f(x) = x^4 − 2x^2 − 3$
$0 = x^4 − 2x^2 − 3$
Substitution: $x^2 = u$
$0 = u^2 − 2u − 3$
$u_1 = 1 + \sqrt{1 + 3} = 3$ somit gilt:
$u_1 = x^2 = 3$ $x_1 = \sqrt{3}$ und $x_2 = -\sqrt{3}$
$u_2 = 1 - \sqrt{1 + 3} = -1$ somit gilt:
$u_2 = x^2 = -1$
Es gibt keine weitere reelle Lösung.

d) $f(x) = x^6 + x^3 − 6$
$0 = x^6 + x^3 − 6$
Substitution: $x^3 = u$
$0 = u^2 + u − 6$
$u_1 = -0{,}5 + \sqrt{0{,}25 + 6} = 2$ somit gilt:
$u_1 = x^3 = 2$ $x_1 = \sqrt[3]{2}$
$u_2 = -0{,}5 - \sqrt{0{,}25 + 6} = -3$ somit gilt:
$u_2 = x^3 = -3$ $x_2 = -\sqrt[3]{3}$

Basisaufgaben

1 Achsensymmetrie zur y-Achse: Untersuchen Sie, ob der Graph achsensymmetrisch zur y-Achse ist.

Hilfe: Der Graph einer ganzrationalen Funktion f ist genau dann achsensymmetrisch zur y-Achse, wenn der Funktionsterm von f nur gerade Exponenten hat. Es gilt dann: $f(-x) = f(x)$.

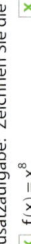

a) Kreuzen Sie alle Funktionen an, die achsensymmetrisch zur y-Achse sind.
Zusatzaufgabe: Zeichnen Sie die Graphen mit dem GTR.

[x] $f(x) = x^8$ [x] $g(x) = 7x^8$ [x] $h(x) = 7x^8 - 9$
[x] $j(x) = -7x^8 - 11x^6$ [x] $k(x) = -7x^8 + 0,5x^4$ [ ] $l(x) = 7x^8 - 9x^3 + x^2$
[ ] $i(x) = 7x^8 - 9$ [ ] $m(x) = (x - 2)x^8$

b) Prüfen Sie, ob gilt $f(-x) = f(x)$ und somit der Graph der Funktion f symmetrisch zur y-Achse ist.

$f(x) = x^4 - x^2$

$f(-x) = (-x)^4 - (-x)^2 = \underline{x^4} - \underline{x^2} = f(x)$,

demzufolge liegt **Achsensymmetrie zur y-Achse** vor.

$g(x) = x^6 - 0,3x^4 - 2x^2$

$g(-x) = (-x)^6 + 0,3(-x)^4 - 2(-x)^2 = x^6 - 0,3x^4 - 2x^2 = g(x)$,

demzufolge liegt **Achsensymmetrie zur y-Achse** vor.

$h(x) = x^4 - x$

$h(-x) = (-x)^4 - (-x) = x^4 + x \neq h(x)$,

demzufolge liegt **keine Achsensymmetrie zur y-Achse** vor.

2 Punktsymmetrie zum Ursprung: Untersuchen Sie, ob der Graph punktsymmetrisch zum Ursprung ist.

Hilfe: Der Graph einer ganzrationalen Funktion f ist genau dann punktsymmetrisch zum Ursprung, wenn der Funktionsterm von f nur ungerade Exponenten hat. Es gilt: $f(-x) = -f(x)$.

a) Kreuzen Sie alle Funktionen an, die punktsymmetrisch zum Ursprung sind.
Zusatzaufgabe: Zeichnen Sie die Graphen mit dem GTR.

[x] $f(x) = x^9$ [x] $g(x) = 6x^9$ [ ] $h(x) = 6x^9 - 7$
[x] $j(x) = -7x^9 - 11x^{15}$ [ ] $k(x) = -1 - 7x^9 + 0,5x^7$ [ ] $l(x) = (7x^9 - 9x^7) \cdot x$
[x] $i(x) = 6x^9 - 11x$ [ ] $m(x) = (x - 2)x^8$

b) Prüfen Sie, ob gilt $f(-x) = -f(x)$ und somit der Graph der Funktion f punktsymmetrisch zum Ursprung ist.

$f(x) = x^3 - x$

$f(-x) = (-x)^3 - (-x) = -x^3 + x = -(x^3 - x) = -f(x)$,

demzufolge liegt **Punktsymmetrie zum Ursprung** vor.

$g(x) = -x^5 + 2x^3 - 5x$

$g(-x) = -(-x)^5 + 2(-x)^3 - 5(-x) = x^5 - 2x^3 + 5x = -(-x^5 + 2x^3 - 5x) = -g(x)$,

demzufolge liegt **Punktsymmetrie zum Ursprung** vor.

$h(x) = 7x^5 - 8$

$h(-x) = 7(-x)^5 - 8 = -7x^5 - 8 = -(7x^5 + 8) \neq -h(x)$,

demzufolge liegt keine **Punktsymmetrie zum Ursprung** vor.

3 Entscheiden Sie, ob der Graph der Funktion achsensymmetrisch zur y-Achse (a), punktsymmetrisch zum Ursprung (p) oder nichts von beidem (n) ist.

$f(x) = 3x(x^{11} - 4x) - 2$ **a**
$g(x) = -3x(x^7 - 5x)$ **a**
$h(x) = (x + 1)(x^3 - x)$ **n**
$i(x) = x^3 - 5x$ **p**
$j(x) = (x - 5)^2$ **n**
$k(x) = (2 - x)^3$ **n**
$l(x) = (x^3)^2 - 5x$ **n**
$m(x) = (7x^2)^7 + x^2$ **a**

---

4 Ergänzen Sie die Exponenten in den Funktionsgleichungen. Tragen Sie jede der gegebenen Zahlen genau einmal ein.
Zusatzaufgabe: Finden Sie, wenn möglich, mehrere Lösungen. Überprüfen Sie diese mit dem GTR.

Zahlen: 2 3 3 4 5 6 7

$f(x) = x^{\underline{4}} - x^2$
$f(x) = x^{\underline{3}} - x + x^{\underline{2}}$
$f(x) = x^{\underline{7}} - x^{\underline{5}}$
$f(x) = x^{\underline{6}} + x^{\underline{3}}$

5 Vervollständigen Sie die Wertetabellen.

a) f ist achsensymmetrisch zur y-Achse.

x	-5	-2	2	5
y	-629	-20	**-20**	**-629**

b) f ist punktsymmetrisch zum Ursprung.

x	-3	-2	2	3
y	-243	-32	**32**	**243**

Weiterführende Aufgaben

6 Zum Graphen der ganzrationalen Funktion f vierten Grades wurde in fünf Schritten eine Funktionsgleichung aufgestellt. Schreiben Sie auf die Karte mit dem passenden Kommentar die Nummer des Lösungsschritts. Zwei Karten bleiben übrig.

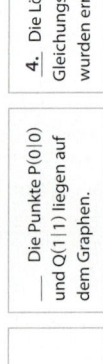

Lösungsschritte:
1. $f(x) = a \cdot x^4 + c \cdot x^2 + e$
2. $e = 0$
3. $0 = a \cdot 2^4 + c \cdot 2^2$
   $1 = a \cdot 1^4 + c \cdot 1^2$
4. $a = -\tfrac{1}{3}$ und $c = \tfrac{4}{3}$
5. $f(x) = -\tfrac{1}{3} \cdot x^4 + \tfrac{4}{3} \cdot x^2$

Kommentarkarten:
- **2.** Der Punkt O(0|0) liegt auf dem Graphen.
- **5.** Die Koeffizienten werden in die Funktionsgleichung eingesetzt.
- **1.** Es liegt Achsensymmetrie zur y-Achse vor, also gibt es nur gerade Exponenten.
- ___ Die Lösungen des Gleichungssystems wurden ermittelt. → **4.**
- ___ Der höchste Exponent ist 4, da es eine Funktion vierten Grades ist. → **1.**
- ___ Es liegt Achsensymmetrie zur y-Achse vor, also gibt es nur zwei Exponenten.
- ___ Die Punkte P(2|0) und Q(1|1) liegen auf dem Graphen. → **3.**

7 Beurteilen Sie die Aussagen. Widerlegen Sie falsche Aussagen mit einem Gegenbeispiel.

Wenn die Funktion f achsensymmetrisch zur y-Achse ist, dann ist auch die Funktion g mit $g(x) = f(x) + d$ mit $d \in \mathbb{R}$ achsensymmetrisch zur y-Achse.
[x] wahr [ ] falsch

Wenn die Funktion f punktsymmetrisch zum Ursprung ist, dann ist auch die Funktion g mit $g(x) = f(x) + d$ mit $d \in \mathbb{R}$ und $d \neq 0$ punktsymmetrisch zum Ursprung.
[ ] wahr [x] falsch
Gegenbeispiel: $f(x) = x^3$ $g(x) = x^3 + 1$

Wenn die Funktion f punktsymmetrisch zum Ursprung ist, dann ist auch die Funktion g mit $g(x) = f(x + e)$ mit $e \in \mathbb{R}$ achsensymmetrisch zur Geraden $x = e$.
[ ] wahr [x] falsch

Wenn die Funktion f achsensymmetrisch zur y-Achse ist, dann ist auch die Funktion g mit $g(x) = a \cdot f(x)$ mit $a \in \mathbb{R}$ punktsymmetrisch zum Ursprung.
[ ] wahr [x] falsch
Gegenbeispiel: $f(x) = x^2$ $g(x) = (x + 1)^2$

Globalverhalten und Extrema

7 Skizzieren Sie einen Graphen mit den gegebenen Eigenschaften.

a)

Für $x \to -\infty$ gilt $f(x) \to -\infty$. | Für $x \to \infty$ gilt $f(x) \to \infty$.
lokales Minimum: −2
lokales Maximum: 0

b)

Für $x \to -\infty$ gilt $f(x) \to \infty$. | Für $x \to \infty$ gilt $f(x) \to \infty$.
lokales Minimum: −1; −5
lokales Maximum: −1; 2
globales Maximum: 2

c)

Für $x \to -\infty$ gilt $f(x) \to \infty$. | Für $x \to \infty$ gilt $f(x) \to \infty$.
lokales Minimum: 1; −5
globales Minimum: −5
lokales Maximum: 3

d) *individuelle Lösung*

Für $x \to -\infty$ gilt $f(x) \to -\infty$. | Für $x \to \infty$ gilt $f(x) \to -\infty$.
lokales Minimum: −1,5
lokales Maximum: 2,5

8 **Randextrema:** Ergänzen Sie die Tabelle zu f für beide Intervalle. Geben Sie alle lokalen Hoch- und Tiefpunkte des Graphen im Koordinatensystem an.

	$D=(0;4)$	$D=(-2{,}25;1)$
globales Maximum	3	2
globales Minimum	0	0,5
lokales Maximum	1; 1,5; 3	1,5; 2; 1
lokales Minimum	0; 0,5	1; 0,5

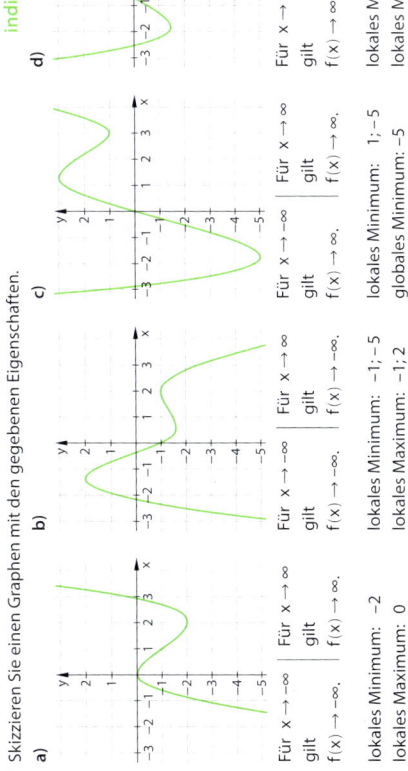

$H_5(3{,}75|3)$, $H_4(2|1{,}5)$, $T_5(3|0{,}5)$, $H_3(0{,}5|1)$, $T_4(1{,}5|0)$, $H_2(-1|2)$, $T_3(-0{,}2|0{,}5)$, $T_2(-1{,}5|1{,}5)$, $H_1(-2|2)$, $T_1(-3|-1)$

9 Beurteilen Sie die Aussagen. Widerlegen Sie falsche Aussagen mit einem Gegenbeispiel.

Jede ganzrationale Funktion dritten Grades besitzt einen lokalen Hochpunkt und einen lokalen Tiefpunkt.
☐ wahr ☒ falsch
Gegenbeispiel: $f(x) = x^3$

Jede ganzrationale Funktion dritten Grades mit mindestens zwei Nullstellen besitzt einen lokalen Hochpunkt und einen lokalen Tiefpunkt.
☒ wahr ☐ falsch

Wenn eine ganzrationale Funktion vierten Grades genau einen Hochpunkt besitzt, dann hat sie zwei lokale Tiefpunkte.
☐ wahr ☒ falsch
Gegenbeispiel: $f(x) = -x^4$

Jede ganzrationale Funktion zweiten Grades besitzt entweder einen lokalen Hochpunkt oder einen lokalen Tiefpunkt.
☒ wahr ☐ falsch

Für jede ganzrationale Funktion f vierten Grades gilt: Für $x \to \pm\infty$ geht $f(x) \to \infty$.
☐ wahr ☒ falsch
Gegenbeispiel: $f(x) = -x^4$

Jede ganzrationale Funktion vierten Grades besitzt höchstens zwei lokale Hochpunkte.
☒ wahr ☐ falsch

Für keine ganzrationale Funktion sechsten Grades gilt: Für $x \to -\infty$ geht $f(x) \to -\infty$ und für $x \to \infty$ geht $f(x) \to \infty$.
☒ wahr ☐ falsch

Jede ganzrationale Funktion sechsten Grades besitzt mindestens ein lokales Extremum.
☒ wahr ☐ falsch

Weiterführende Aufgaben

10 Ergänzen Sie die Tabelle.

	$f(x)=-x^2+4$	$f(x)=x^2\cdot\left(1-\tfrac{1}{5}x\right)$	$f(x)=\tfrac{1}{4}x^5+\tfrac{1}{2}x^3$
Für $x\to\infty$ gilt	$f(x)\to-\infty$	$f(x)\to-\infty$	$f(x)\to\infty$
Für $x\to-\infty$ gilt	$f(x)\to-\infty$	$f(x)\to\infty$	$f(x)\to-\infty$
Existenz eines Hochpunktes	ja	ja	nein
Existenz eines Tiefpunktes	nein	ja	nein
Symmetrie	zur y-Achse	nicht zur y-Achse und nicht zum Ursprung	zum Ursprung
Graph (Skizze)			

11 Betrachten Sie die Funktion $f(x) = x + 1$ für $0 < x \le 1$. Schreiben Sie die Geschichte zu Ende. Nutzen Sie dabei nur wahre Aussagen.

„Ha", ruft der x-Wert $x = 1$, „ich bin der Größte, denn unter euch anderen x-Werten aus unserem Intervall gibt es keinen, der einen Funktionswert hat, der größer ist als meiner. Aber du, mein Freund $x = 0$, hast es schlecht getroffen, denn du besitzt den kleinsten aller unserer Funktionswerte."

Darauf entgegnet der x-Wert $x = 0$: ___ individuelle Lösung

„Was du nur willst, ich gehöre ja gar nicht zu eurem Intervall, also kannst du meinen Funktionswert gar nicht mit euren Funktionswerten vergleichen. Und übrigens: Unter euren Funktionswerten aus dem Intervall gibt es gar keinen, der sich als den kleinsten Funktionswert bezeichnen könnte.

Denn jedes Mal, wenn sich ein x-Wert meldet und behauptet, er hätte den kleinsten Funktionswert im Intervall, dann könnte sich ein weiter links, aber vor Null liegender x-Wert melden, der einen noch kleineren Funktionswert besitzt."

12 Beurteilen Sie die Aussagen. Widerlegen Sie falsche Aussagen mit einem Gegenbeispiel.

Hat eine für alle reellen Zahlen x definierte ganzrationale Funktion f ein lokales Maximum, so ist diese auch das globale Maximum.
☐ wahr ☒ falsch
Gegenbeispiel: $f(x) = x^3 - 5x^2$

Hat eine auf einem offenen Intervall definierte Funktion f ein globales Maximum, so hat diese auch ein lokales Minimum.
☐ wahr ☒ falsch
Gegenbeispiel: $f(x) = -x^2$

Eine auf einem offenen Intervall definierte Funktion f kann kein globales Extremum haben.
☐ wahr ☒ falsch
Gegenbeispiel: $f(x) = x^2$ mit

4 Lokale und globale Extrema: Gegeben ist der Graph einer ganzrationalen Funktion f mit D = (−5,5; 8,5).

Der Graph einer Funktion f hat an der Stelle x_E einen Hochpunkt bzw. Tiefpunkt, wenn für alle x in einer Umgebung um x_E gilt: $f(x) \leq f(x_E)$ bzw. $f(x) \geq f(x_E)$. Den Funktionswert $f(x_E)$ nennt man lokales Maximum bzw. lokales Minimum.
Ist f(x) der größte bzw. kleinste Funktionswert im Definitionsbereich von f, so ist f(x) ein globales Maximum bzw. globales Minimum.

Hilfe:

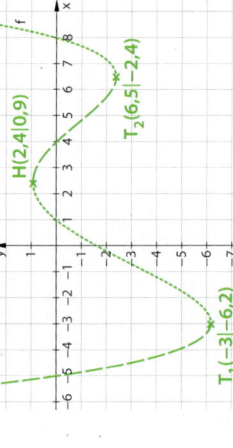

a) Geben Sie näherungsweise die Koordinaten der lokalen Hoch- und Tiefpunkte von f in der Zeichnung an.

b) Ergänzen Sie die Sätze.

  0,9 ist ein lokales Maximum an der Stelle x = 2,4.

  −6,2 ist ein lokales Minimum und auch −2,4.

  −6,2 ist das globale Minimum an der Stelle x = −3.

c) Färben Sie die Teile, in denen der Graph fällt, und die Teile, in denen er wächst, verschiedenfarbig ein.

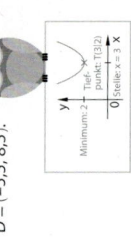

H(2,4|0,9) T₂(6,5|−2,4) T₁(−3|−6,2)

Zusatzaufgabe: Beschreiben Sie das Wachstumsverhalten in der Umgebung der Hoch- und Tiefpunkte.
Hochpunkt: links wachsend, rechts fallend   Tiefpunkt: links fallend, rechts wachsend

5 Ergänzen Sie zu passenden Graphen ganzrationaler Funktionen im Intervall [0; 4].

a) 3 ist lokales Minimum. b) 3 ist globales Maximum. c) 3 ist globales Minimum. d) 3 ist lokales Minimum.

z. B.

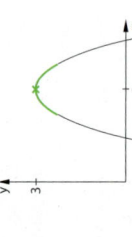
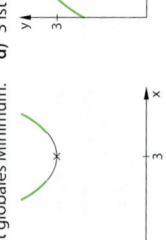

6 Zeichnen Sie einen passenden Funktionsgraphen mit D = [−4; 8].

a) Extremwerte:
  globales Minimum: −2
  globales Maximum: 4
  lokales Minimum: −1 und 3
  lokales Maximum: 0

z. B.
Im Beispiel gibt es Randextrema.
globales Minimum: −2
lokales Minimum: −1

b) Extremstellen:
  globales Minimum bei x = 5
  globales Maximum bei x = 4
  lokales Minimum bei x = −2; x = 1; x = 3 und x = 5
  lokales Maximum bei x = 0; x = 2 und x = 4

z. B. **Extrempunkte: (5|1,1)**
(4|5,4)
(−2,3|4|1;3,2); (3|4)
(0|4,6); (4|5,4)

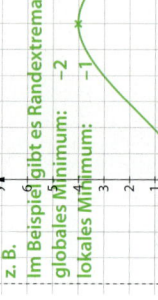
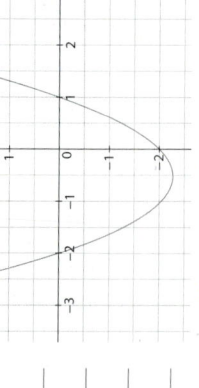

Zusatzaufgabe: Geben Sie näherungsweise die Koordinaten der Extrempunkte an.   **individuelle Lösung**

Basisaufgaben

1 Globalverhalten: Ordnen Sie den Funktionen f mithilfe des vermutlichen Globalverhaltens Graphen zu.
Geben Sie je eine Funktion g mit $g(x) = a_n x^n$ an, die das gleiche Globalverhalten wie f hat.

Hilfe: $\cdot\,x\cdots u_n = (x)/6$ mit $a_n x^n + a_{n-1} x^{n-1} + \cdots + a_1 x + a_0$

$f(x) = x^3 - 3x - 1$

① Für x → ∞ gilt f(x) → ∞, Für x → −∞ gilt f(x) → −∞.
$f(x) = -0{,}01x^5 + 0{,}2x^2 - 1$
z.B. g(x) = $-0{,}01x^5$

$f(x) = 0{,}1x^6 - 0{,}2x - 1$

② Für x → ∞ gilt f(x) → ∞, Für x → −∞ gilt f(x) → ∞.
$f(x) = x - x^4 - 1$
z.B. g(x) = $-0{,}4x^4$

③ Für x → ∞ gilt f(x) → −∞, Für x → −∞ gilt f(x) → ∞.
$f(x) = x^3 - 3x - 1$
z.B. g(x) = x^3

④ $f(x) = x - x^4 - 1$
Für x → ∞ gilt f(x) → −∞, Für x → −∞ gilt f(x) → −∞.
$f(x) = 0{,}1x^6 - 0{,}2x - 1$
z.B. g(x) = $0{,}1x^6$

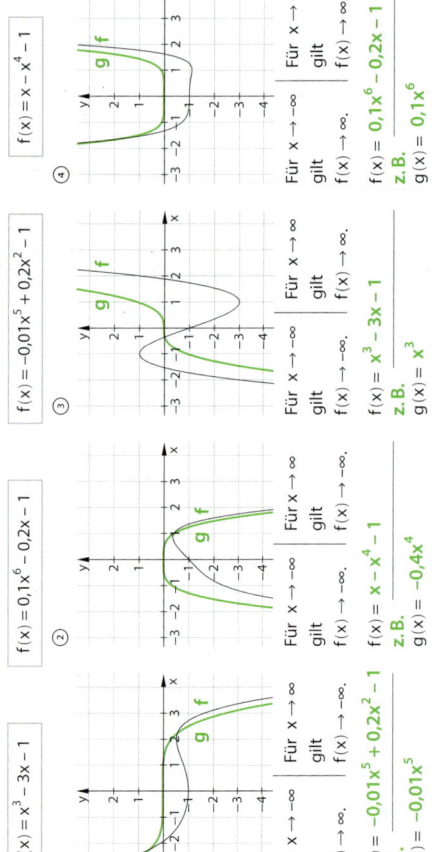

2 Kreuzen Sie Zutreffendes an.

$f_1(x) = 0{,}5x^3 - 2x^2 - 2$ $f_2(x) = 2x^4 - 2x^2 + x + 1$ $f_3(x) = -x^5 + 2x^4 - x$ $f_4(x) = -0{,}2x^6 + 0{,}1x^5 + 3$

Funktion	Grad n der Funktion		a_n		Verhalten für x → ∞		Verhalten für x → −∞	
	gerade	ungerade	positiv	negativ	f(x) → ∞	f(x) → −∞	f(x) → ∞	f(x) → −∞
f_1		x	x		x			x
f_2	x		x		x		x	
f_3		x		x		x	x	
f_4	x			x		x		x

3 Linda betrachtet den Graphen der Funktion $f(x) = -0{,}02x^3 + 0{,}98x^2 + 1{,}04x - 2$. Sie stellt fest:
„Für x → +∞ und x → −∞ gehen die Funktionswerte gegen ∞."
Nennen Sie zwei mögliche Fehlerquellen für Lindas Aussage.

Linda betrachtet eine grafische Darstellung von einem
zu kleinen Intervall.

Der größte Exponent von x ist 3 (nicht 2 bei $0{,}98x^2$) und

der zugehörige Koeffizient negativ ($-0{,}02x^3$).

(Die Aussage ist somit falsch, denn für x → +∞ gilt f(x) → −∞ und für x → −∞ gilt f(x) → ∞.)

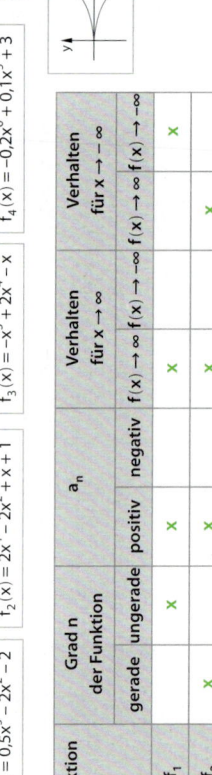

Zusatzaufgabe: Formulieren Sie zwei Aussagen zum Globalverhalten einer Funktion mit $g(x) = a_n x^n$.
individuelle Lösung

Basisaufgaben

1 Mittlere Änderungsrate: Ermitteln Sie zeichnerisch und rechnerisch die mittlere Änderungsrate m von f in den Intervallen.

Hilfe: $\frac{(e-q)}{j} = \frac{f(b)-f(a)}{(b-a)}$

Zeichnen Sie jeweils ein Steigungsdreieck ein.

a) Intervall [-3; -2]
A(-3|-2); B(-2|1)
$m = \frac{1-(-2)}{-2-(-3)} = \frac{3}{1} = 3$

b) I = [-2; 2]
A(-2|**1**); B(2|**4**)
$m = \frac{4-1}{2-(-2)} = \frac{3}{4} = 0,75$

c) I = [2; 6]
A(2 |**4**); B(6 |**2**) m = $\frac{2-4}{6-2} = \frac{-2}{4} = -0,5$

2 Berechnen Sie die mittlere Änderungsrate der Funktion f im Intervall [a; b] mit dem Differenzenquotienten $\frac{f(b)-f(a)}{(b-a)}$.
Hilfe: Berechnen Sie zuerst die y-Werte.

a) f(x) = x² + 1; I = [-2; 3]
A(-2|**5**); B(3 |**10**)
$m = \frac{10-5}{3-(-2)} = \frac{5}{5} = 1$

b) f(x) = 0,5 x²; I = [-2; 3]
A(-2|**2**); B(3 |**4,5**)
$m = \frac{4-2}{3-(-2)} = \frac{2,5}{5} = 0,5$

c) f(x) = √2ˣ; I = [-2; 4]
P₁(-2 |**0,5**); P₂(4 |**4**)
$m = \frac{4-0,5}{4-(-2)} = \frac{3,5}{6} = \frac{7}{12} ≈ 0,58$

3 Die Grafik zeigt die Entwicklung der Geburten in Deutschland. Ergänzen Sie in den Tabellen die mittleren Änderungsraten der Geburten. Runden Sie auf Tausender.
Zusatzaufgabe: Veranschaulichen Sie Ihre Tabellen grafisch.
Was fällt auf?

Anzahl der Geburten in Deutschland in Tausend

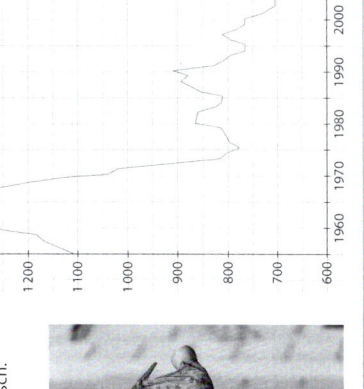

Zeitraum	1960 bis 1969	1970 bis 1979	1980 bis 1989	1990 bis 1999	2000 bis 2009
mittlere Änderungsrate	-10000	-30000	1600	-16100	-11600

Zeitraum	1965 bis 1974	1975 bis 1984	1985 bis 1994	1995 bis 2004	2005 bis 2014
mittlere Änderungsrate	-58800	2700	-5000	-6600	3300

Mittlere und lokale Änderungsrate einer Funktion

4 Lokale Änderungsrate: Geben Sie näherungsweise die Ableitung der Funktion f an der Stelle x₀ an.
Ergänzen Sie jeweils möglichst exakt die Tangente an f an der Stelle x₀ und geben Sie deren Steigung an.
Die lokale Änderungsrate von f an der Stelle x₀ nennt man Ableitung f'(x₀).

Hilfe: f'(x₀).

a) x₀ = 0
A(0|-4); B(4|0)
$f'(0) = m = \frac{0-(-4)}{4-0} = \frac{4}{4} = 1$

b) x₀ = 6
A(6|4); B(10|8)
$f'(6) = m = \frac{8-4}{10-6} = \frac{4}{4} = 1$

c) x₀ = -6
A(-6|0); B(-4|-6)
$f'(-6) = m = \frac{-6-0}{-4-(-6)} = \frac{-6}{2} = -3$

d) x₀ = -2
A(-2|-5); B(0|-5)
$f'(-2) = m = \frac{-5-(-5)}{0-(-2)} = \frac{0}{2} = 0$

5 Es wird die Steigung des Graphen betrachtet.

a) Ergänzen Sie die passenden Punkte.
Die Steigung ist null in den Punkten **C und E.**
Die Steigung ist positiv in den Punkten **B und D.**
Die Steigung ist negativ in den Punkten **A und F.**

b) Ordnen Sie die Punkte nach der Steigung.
Beginnen Sie mit dem Punkt mit der geringsten Steigung.
A; F; C; E; B; D

6 Bestimmen Sie näherungsweise die Ableitung der Funktion an der Stelle x₀.

a) f(x) = x²; x₀ = 3 Vermutlich ist f'(3) = 6.

x	f(x)	$\frac{f(x)-f(x_0)}{x-x_0}$
3,1	9,61	$\frac{9,61-9}{3,1-3} ≈ 6,1$
3,01	9,0601	$\frac{9,0601-9}{3,01-3} ≈ 6,01$
3,001	9,006001	$\frac{9,006001-9}{3,001-3} ≈ 6,001$
3,00001	9,00006	$\frac{9,00006-9}{3,00001-3} ≈ 6,00001$

b) f(x) = x⁴; x₀ = 2 Vermutlich ist f'(2) = 32.

x	f(x)	$\frac{f(x)-f(x_0)}{x-x_0}$
2,1	19,4481	$\frac{19,4481-16}{2,1-2} ≈ 34,481$
2,01	16,322408	$\frac{16,322408-16}{2,01-2} ≈ 32,24$
2,001	16,032024	$\frac{16,032024-16}{2,001-2} ≈ 32,024$
2,0001	16,00320024	$\frac{16,00320024-16}{2,0001-2} ≈ 32,0024$

7 Kreuzen Sie an, welcher der Werte am ehesten dem Wert der 1. Ableitung der Funktion f an der Stelle x₀ entspricht.
Hilfe: Rechnen Sie wie in der Tabelle bei Aufgabe 6.

a) f(x) = x³; x₀ = 2
☐ f'(2) = 2 ☐ f'(2) = 1 ☒ f'(2) = 12 ☐ f'(2) = -20

b) f(x) = √x - 1; x₀ = 5
☐ f'(5) = 0 ☐ f'(5) = 0 ☒ f'(5) = 1 ☐ f'(5) = -1

c) f(x) = $\frac{32}{x^2}$; x₀ = 4
☐ f'(4) = -0,5 ☒ f'(4) = -0,5 ☐ f'(4) = -1 ☐ f'(4) = 1

d) f(x) = x³ - 2x²; x₀ = 1
☐ f'(1) = 0 ☐ f'(1) = 1 ☒ f'(1) = -1 ☐ f'(1) = 2

8 Ableitung an einer Stelle: Berechnen Sie die 1. Ableitung der Funktion f an der Stelle x_0 als Grenzwert des Differenzquotienten.

a) $f(x) = 0,25x^2$; $x_0 = 2$

b) $f(x) = 0,5x^2 - 1$; $x_0 = -1$

$$f'(x) = \lim_{h \to 0} \frac{f(x) - f(x_0)}{x - x_0} = \lim_{h \to 0} \frac{f(x_0 + h) - f(x_0)}{h}$$

1. Einsetzen von x_0 in den Differenzenquotienten mit h

$$\frac{f(x_0 + h) - f(x_0)}{h}$$

$$= \frac{0,25(2+h)^2 - (0,25 \cdot 2^2)}{h} \qquad \frac{0,5 \cdot (-1+h)^2 - 1 - (0,5 \cdot (-1)^2 - 1)}{h}$$

2. Umformen mit dem Ziel, h aus dem Nenner zu kürzen

$$= \frac{0,25(4 + 4h + h^2) - 1}{h} \qquad = \frac{0,5(1 - 2h + h^2) - 1 - (-0,5)}{h}$$

$$= \frac{1 + h + 0,25h^2 - 1}{h} \qquad = \frac{0,5 - h + 0,5h^2 - 1 + 0,5}{h} = \frac{-h + 0,5h^2}{h}$$

$$= \frac{h + 0,25h^2}{h} = \frac{h(1 + 0,25h)}{h} \qquad = \frac{h(-1 + 0,5h)}{h}$$

$$= 1 + 0,25h \qquad = -1 + 0,5h$$

3. Ermitteln des Grenzwerts für $h \to 0$

$$f'(2) = \lim_{h\to 0}(1 + 0,25h) = 1 \qquad f'(1) = \lim_{h\to 0}(-1 + 0,5h) = -1$$

9 Ergänzen Sie die Tabelle.

Funktion f und Stelle x_0	Differenzenquotient mit h als einziger Variable	Limes für h gegen 0
$f(x) = 5x^2$; $x_0 = 3$	$\dfrac{5(3+h)^2 - (5 \cdot 3^2)}{h}$	$f'(3) = \lim\limits_{h\to 0}(30 + 5h) = 30$
$f(x) = 4x^2 - 6$; $x_0 = 5$	$\dfrac{4(5+h)^2 - 6 - ((4 \cdot 5^2) - 6)}{h}$	$f'(5) = \lim\limits_{h\to 0}(40 + 4h) = 40$
$f(x) = (x-1)^3$; $x_0 = 1$	$\dfrac{((1+h)-1)^3 - (1-1)^3}{h}$	$f'(1) = \lim\limits_{h\to 0}(h^2 - \frac{1}{h}) = 0$

Zusatzaufgabe: Formen Sie den Differenzenquotienten so um, dass h nicht im Nenner steht.

10 Tangentengleichung: Gegeben ist die Funktion f mit $f(x) = -0,25x^3 + 1$.
Bestimmen Sie die Gleichung der Tangente t an den Stellen $x_1 = 2$ und $x_2 = 0$ zeichnerisch und rechnerisch.

Tangente t an der Stelle $x_1 = 2$:

$m = f'(2) = -3$

$f(2) = -0,25 \cdot 2^3 + 1 = -1 \qquad T_1(2|-1)$

$-1 = -3 \cdot 2 + b$, somit gilt b = 5. $\qquad t_1(x) = -3x + 5$

Tangente t an der Stelle $x_2 = 0$:

$m = f'(0) = 0$

$f(0) = -0,25 \cdot 0^3 + 1 = 1 \qquad T_2(0|1)$

$1 = -3 \cdot 0 + b$, somit gilt b = 1. $\qquad t_2(x) = 1$

Weiterführende Aufgaben

11 Der Graph der Funktion f stellt die Fahrt einer S-Bahn zwischen den Haltestellen „H₁" und „H₂" dar.

a) Ergänzen Sie die Sätze zu wahren Aussagen.

① Die Steigung der Sekante s entspricht der **Durchschnittsgeschwindigkeit im Intervall [0; 1,25].**

② Die Steigung der Tangente t entspricht der **Momentangeschwindigkeit zum Zeitpunkt t = 0,625.**

b) Berechnen Sie mithilfe der Graphik die Durchschnittsgeschwindigkeit $\bar{v}$ der S-Bahn zwischen den Haltestellen H_1 und H_2 sowie die Momentangeschwindigkeit $v(0,5)$.

$$\bar{v} = \frac{1125\,m}{1,25\,min} = 900\,\frac{m}{min} = 54\,\frac{km}{h}$$

$$v(0,625) \approx \frac{562,5\,m}{0,375\,min} = 1500\,\frac{m}{min} = 90\,\frac{km}{h}$$

12 Paula erfasste alle fünf Minuten die Temperatur des beim Mittag übrig gebliebenen Eintopfs.

Zeit in min	0	5	10	15	20	25	30	35	40	45
Temperatur in °C	45	41	37,6	34,8	32,4	30,4	28,7	27,3	26,2	25,2

a) Veranschaulichen Sie den Temperaturverlauf im Koordinatensystem.

b) Geben Sie die kleinste und die größte mittlere Änderungsrate der Temperatur in den betrachteten 5-Minuten-Intervallen an. Was fällt Ihnen auf?

größte mittlere Änderungsrate: $\frac{41-45}{5-0} = -0,8$

kleinste mittlere Änderungsrate: $\frac{25,2-26,2}{45-40} = -0,2$

Die Änderungsraten werden mit der Zeit geringer.

13 Die Abbildung zeigt den Pegelverlauf der Ems bei Rheine.

a) Berechnen Sie die mittlere Änderungsrate pro Tag vom 10. bis 18.12.2017. Runden Sie sinnvoll.

$\frac{570-320}{18-10} \approx 30$ Um ca. 30 cm stieg das Wasser pro Tag.

b) Erläutern Sie, dass die mittlere Änderungsrate pro Tag vom 1. bis 25.12.2017 keine sinnvolle Information über die tatsächliche Entwicklung liefert.

Am 1. und 25.12.2017 waren die Pegelstände fast identisch, somit ist die berechnete Änderungsrate pro Tag ca. 0. Die Schwankungen des Pegels zwischen dem 1. und 25.12.2017 um ca. 2,5 m haben keinen Einfluss auf das Ergebnis. Tritt im betrachteten Intervall entweder nur Zunahme oder nur Abnahme auf, dann liefert die mittlere Änderungsrate sinnvollere Information über die tatsächliche Entwicklung (z.B.: Anstieg um ca. 30 cm pro Tag vom 10. bis 18.12.2017.)

Ableitungsfunktionen

3 / Ableitungsfunktionen

Basisaufgaben

1 Ableitungsfunktion: Ermitteln Sie zur Funktion die Ableitungsfunktion. Skizzieren Sie den Graphen von f' bzw. g'.
Hilfe: Berechnen Sie allgemein für alle Stellen x die Ableitung.

a) $f(x) = 0{,}25x^2$

b) $g(x) = x^3$
Hilfe: $(x+h)^3 = x^3 + 3x^2h + 3xh^2 + h^3$

1. Aufstellen des Differenzenquotienten mit h

$$\frac{f(x+h) - f(x)}{h}$$

$$= \frac{0{,}25(x+h)^2 - 0{,}25 \cdot x^2}{h}$$

$$\frac{g(x+h) - g(x)}{h}$$

$$= \frac{(x+h)^3 - x^3}{h}$$

2. Umformen mit dem Ziel, h aus dem Nenner zu kürzen

$$= \frac{0{,}25\left(x^2 + 2xh + h^2 \right) - 0{,}25x^2}{h}$$

$$= \frac{0{,}25x^2 + 0{,}5xh + 0{,}25h^2 - 0{,}25x^2}{h}$$

$$= \frac{0{,}5xh + 0{,}25h^2}{h}$$

$$= 0{,}5x + 0{,}25h$$

$$= \frac{x^3 + 3x^2h + 3xh^2 + h^3 - x^3}{h}$$

$$= \frac{3x^2h + 3xh^2 + h^3}{h}$$

$$= 3x^2 + 3xh + h^2$$

3. Ermitteln des Grenzwerts für $h \to 0$

$$f'(x) = \lim_{h \to 0} (0{,}5x + 0{,}25h) = 0{,}5x$$

$$g'(x) = \lim_{h \to 0} (3x^2 + 3xh + h^2) = 3x^2$$

Wertetabelle zu f und f'

x	-2	-1	0	1	2
f(x)	1	0,25	0	0,25	1
f'(x)	-1	-0,5	0	0,5	1

Wertetabelle zu g und g'

x	-2	-1	0	1	2
g(x)	-8	-1	0	1	8
g'(x)	12	3	0	3	12

c) Vervollständigen Sie den Satz.
Die Ableitungsfunktion f' zu einer Funktion f gibt **einen Überblick über das gesamte Steigungsverhalten des Graphen von f.**

---

2 Ableitungsfunktionen und Ableitungen an der Stelle x: Tragen Sie die gegebenen Ableitungsfunktionen und Ableitungen an der Stelle x ein. Rechnen Sie, wenn nötig, auf einem zusätzlichen Blatt Papier.

Gegebene Boxen: $f'(x) = 2x$ · $f'(x) = -14x - 2$ · $f'(x) = 14x$ · $f'(x) = -2x + 2$ · $f'(x) = 2x + 2$ · $f'(x) = -2x - 2$ · $f'(0{,}5) = 7$ · $f'(-1) = 12$ · $f'(2) = -6$ · $f'(10) = -18$ · $f'(6) = 12$ · $f'(2) = 6$

Funktion f	Ableitungsfunktion f'	Ableitung an der Stelle x
$f(x) = x^2$	$f'(x) = 2x$	$f'(6) = 12$
$f(x) = 7x^2$	$f'(x) = 14x$	$f'(0{,}5) = 7$
$f(x) = x^2 + 5$	$f'(x) = 2x$	$f'(6) = 12$
$f(x) = x^2 + 2x$	$f'(x) = 2x + 2$	$f'(2) = 6$
$f(x) = -x^2 + 2x$	$f'(x) = -2x + 2$	$f'(10) = -18$
$f(x) = -x^2 + 2x - 7$	$f'(x) = -2x + 2$	$f'(10) = -18$
$f(x) = -x^2 - 2x - 0{,}75$	$f'(x) = -2x - 2$	$f'(2) = -6$
$f(x) = -7x^2 - 2x - 4$	$f'(x) = -14x - 2$	$f'(-1) = 12$

Zusatzaufgabe: Welcher Summand der Funktionsgleichung von f hat keinen Einfluss auf den Wert der Ableitungsfunktion an der Stelle x? → **absolutes Glied**

3 Tangentensteigung: Die Ableitungsfunktion ist $f'(x) = -14x + 3$.
Geben Sie die Steigung m der Tangenten in den Punkten der Funktion f an.

a) $P(0|0)$ $m = -14 \cdot 0 + 3 = 3$
b) $P(1|0)$ $m = -14 \cdot 1 + 3 = -11$
c) $P(2|1)$ $m = -14 \cdot 2 + 3 = -25$
d) $P(-1|7)$ $m = -14 \cdot (-1) + 3 = 17$

Weiterführende Aufgabe

4 In der oberen Reihe sehen Sie die Graphen der Funktionen und in der unteren Reihe die der zugehörigen Ableitungsfunktionen. Beschriften Sie die Graphen der Funktionen mit f, g, h, k bzw. f', g', h', k'.

$f(x) = 3x + 2$ $g(x) = 2x^2 - 2$

$h(x) = 0{,}5x^3 - 2$ $k(x) = -1{,}5x^2 + 2$

Grafisches Ableiten

Basisaufgaben

1 Tangentensteigungen: Betrachten Sie den Graphen von f mit $f(x) = x^3 - 6x^2 + 9x$ im Intervall $-0,1 < x < 4$.

Hilfe: Steigung an f ab an f der Stelle x entspricht der Steigung von f an dieser Stelle.

Der Funktionswert der Ableitungsfunktion f′ an der Stelle x entspricht der Steigung von f an dieser Stelle.

a) Ergänzen Sie die Zahlen und skizzieren Sie passende Tangenten am Graphen f.

① zur x-Achse parallele Tangenten

$f'(\underline{1}) = 0 \qquad f'(\underline{3}) = 0$

Hochpunkt **Tiefpunkt**

② Tangenten mit positiver Steigung

$f'(x) > 0 \qquad$ für $\underline{-0,1} < x < \underline{1}$ und $\underline{3} \cdot < x < \underline{4}$

③ Tangenten mit negativer Steigung

$f'(x) < 0 \qquad$ für $\underline{1} < x < \underline{3}$

b) Skizzieren Sie die Ableitungsfunktion f′ mit $f'(x) = 3(x-2)^2 - 3$ mit $S(2|-3)$. Nutzen Sie Ihre Ergänzungen bei Teilaufgabe a.

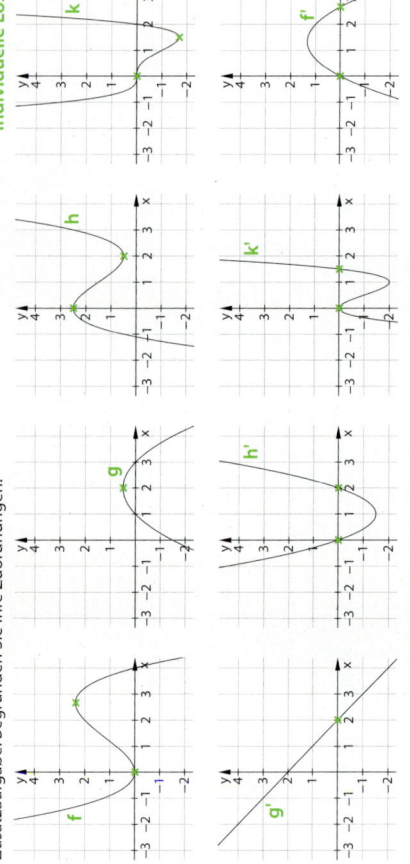

2 In dem Koordinatensystem ist der Graph einer Funktion f abgebildet.

a) Ergänzen Sie ganze Zahlen in der Tabelle.

Hilfe: Zeichnen Sie passend angelegte Tangenten an den Graphen von f.

x	0	1	2	3	4	5
f(x)	-4	0	2	2	0	-4

b) Geben Sie passende Teilintervalle für den Graphen im Intervall $0 < x < 5$ an.

$f'(x) > 0 \qquad$ für $\underline{1} < x < \underline{4}$

$f'(x) < 0 \qquad$ für $\underline{0 < x < 1}$ und $\underline{4 < x < 5}$

c) Skizzieren Sie den Graphen der Ableitungsfunktion f′ im Intervall $0 < x < 5$.

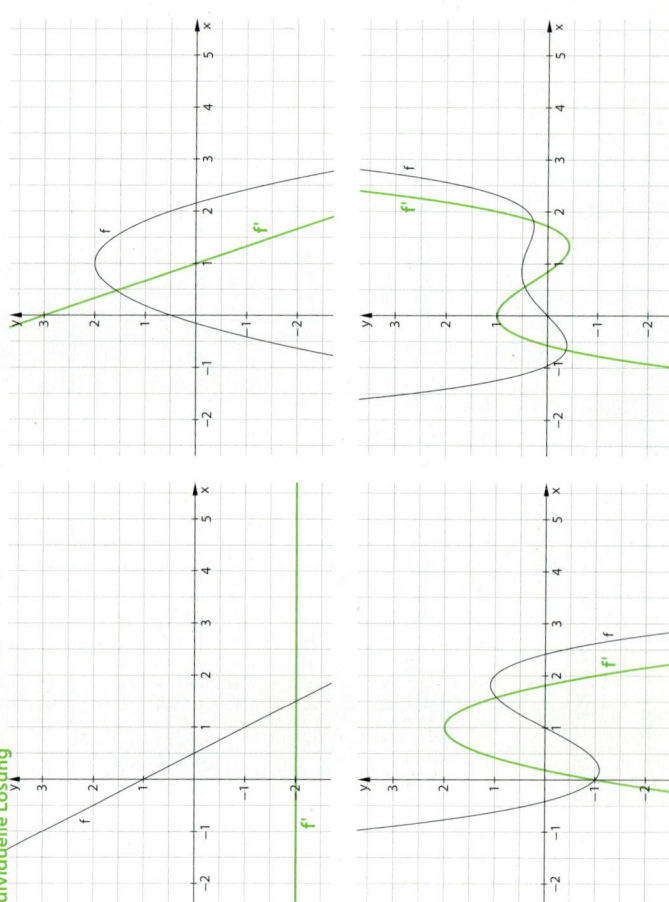

3 Eigenschaften einer Funktion und ihrer Ableitungsfunktion: Verbinden Sie zusammenpassende Paare mit Linien.

Der Graph von f ...

| ist fallend (Steigung m mit m < 0) |
| parallel zur x-Achse |
| fällt am steilsten ab |
| ist steigend (Steigung m mit m > 0) |
| hat einen Extrempunkt |
| ist eine Gerade |
| steigt am steilsten an |

Der Graph von f′ ...

| schneidet die x-Achse |
| verläuft unterhalb der x-Achse |
| verläuft entlang der x-Achse |
| hat einen Hochpunkt |
| verläuft oberhalb der x-Achse |
| hat einen Tiefpunkt |
| ist parallel zur x-Achse |

---

4 Graphen von Funktionen und Ableitungsfunktion:

Ordnen Sie dem Graphen der Funktion den der Ableitungsfunktion zu.

Beschriften Sie dazu die Graphen mit f, g, h, k bzw. f′, g′, h′, k′.

Markieren Sie die für Ihre Entscheidung maßgeblichen Punkte auf den Graphen.

Zusatzaufgabe: Begründen Sie Ihre Zuordnungen.

individuelle Lösung

5 Leiten Sie graphisch ab.

Skizzieren Sie den Graphen der Ableitungsfunktion f′ im Koordinatensystem.

Zusatzaufgabe: Ermitteln Sie auf einem zusätzlichen Blatt zu zwei Teilaufgaben die Ableitungsfunktionen rechnerisch.

individuelle Lösung

6 Grafisches Ableiten der Sinus- und Kosinusfunktion: Ergänzen Sie zuerst in der Tabelle die Werte für f'(x), indem Sie geeignete Tangentenanstiege in der grafischen Darstellung ermitteln.
Skizzieren Sie danach mithilfe der Tabelle die Ableitungsfunktion im Koordinatensystem darunter.

Hilfe: Die Beträge der gesuchten Werte der Ableitungsfunktion sind 0; 0,5; 0,87 und 1.

a) Sinusfunktion

x	0	$\frac{1}{6}\pi$	$\frac{1}{3}\pi$	$\frac{1}{2}\pi$	$\frac{2}{3}\pi$	$\frac{5}{6}\pi$	π	$\frac{7}{6}\pi$	$\frac{4}{3}\pi$	$\frac{3}{2}\pi$	$\frac{5}{3}\pi$	$\frac{11}{6}\pi$	2π
f'(x)	1	0,87	0,5	0	−0,5		−1		−0,5	0	0,5	0,87	1

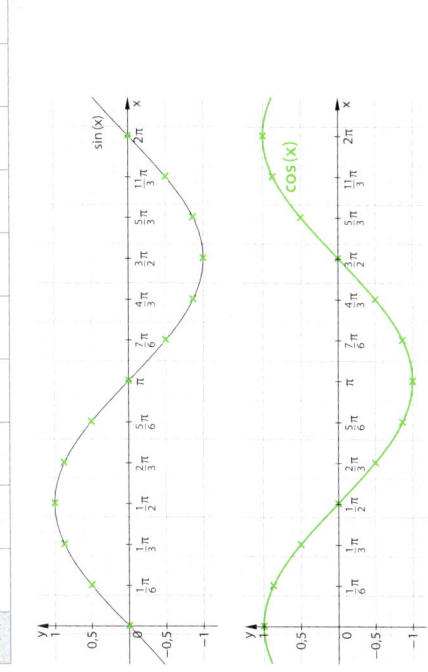

sin(x)   cos(x)

b) Kosinusfunktion

x	0	$\frac{1}{6}\pi$	$\frac{1}{3}\pi$	$\frac{1}{2}\pi$	$\frac{2}{3}\pi$	$\frac{5}{6}\pi$	π	$\frac{7}{6}\pi$	$\frac{4}{3}\pi$	$\frac{3}{2}\pi$	$\frac{5}{3}\pi$	$\frac{11}{6}\pi$	2π
f'(x)	0	−0,5		−1		−0,5	0	0,5	0,87	1	0,87	0,5	0

cos(x)   −sin(x)

c) Schreiben Sie zu den Ableitungsfunktionen der Sinus- und Kosinusfunktion passende Funktionsgleichungen an die Graphen bei den Teilaufgaben a und b.

Zusatzaufgabe: Begründen Sie Ihre Entscheidungen.   individuelle Lösung

---

Weiterführende Aufgaben

7 Die Abbildung zeigt das Weg-Zeit-Diagramm einer Autofahrt.
Auf der Strecke besteht eine Geschwindigkeitsbegrenzung von 60 $\frac{km}{h}$.

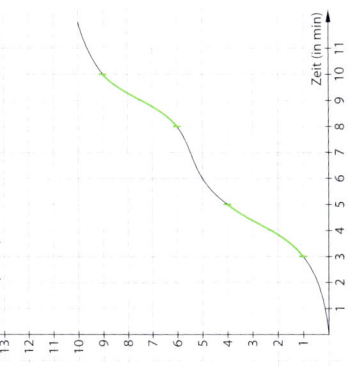

a) Berechnen Sie die Durchschnittsgeschwindigkeit im abgebildeten Intervall in Kilometern pro Stunde.

$$\bar{v} = \frac{10\ km}{12\ min} = 50\ \frac{km}{h}$$

b) Ermitteln Sie die Steigung des Graphen in $\frac{km}{min}$, die einer Momentangeschwindigkeit von 60 $\frac{km}{h}$ entspricht.

$$\frac{60\ km}{1\ h} = \frac{60\ km}{60\ min} = 1\ \frac{km}{min}$$

c) Markieren Sie die Teile des Graphen, bei denen die Höchstgeschwindigkeit von 60 $\frac{km}{h}$ überschritten wird.
Markiert sind die Intervalle 3; 6 und 8; 10.

8 Ergänzen Sie zu wahren Aussagen.

Wenn der Graph von f' oberhalb der x-Achse verläuft, dann ist die Steigung von f positiv.

Wenn der Graph von f' die x-Achse schneidet, dann hat f an der Stelle einen Hoch- oder Tiefpunkt.

Wenn der Graph von f' eine Parabel ist, dann ist f eine Funktion dritten Grades.

Wenn der Graph von f eine Gerade ist, dann verläuft der Graph von f' parallel zur x-Achse.

Betrachtet man die Funktion g = −f, dann gilt für g': g' = −f'.

9 Von einer Funktion sind drei Eigenschaften bekannt.
① f ist eine ganzrationale Funktion.
② f''(x) = 1
③ f'(1) = 0

a) Kreuzen Sie die Graphen an, die zur Funktion f gehören können.

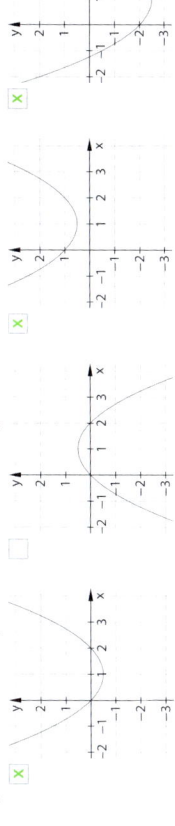 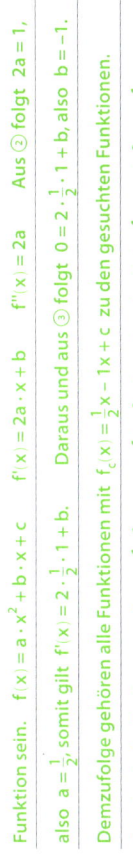

b) Begründen Sie Ihre Entscheidung.

Da f eine ganzrationale Funktion und f'' konstant (aber ungleich 0) ist, muss f eine quadratische Funktion sein.   f(x) = a · x² + b · x + c   f'(x) = 2a · x + b   f''(x) = 2a   Aus ② folgt 2a = 1,
also a = $\frac{1}{2}$, somit gilt f'(x) = 2 · $\frac{1}{2}$ · 1 + b.   Daraus und aus ③ folgt 0 = 2 · $\frac{1}{2}$ · 1 + b, also b = −1.

Demzufolge gehören alle Funktionen mit $f_c(x) = \frac{1}{2}x^2 - 1x + c$ zu den gesuchten Funktionen.

Quadratische Ergänzung: $f_c(x) = \frac{1}{2}x^2 - x + c = \frac{1}{2}(x^2 - 2x + 1) - 1 + 2c = \frac{1}{2} \cdot (x - 1)^2 + c - \frac{1}{2}$ mit c∈ℝ

Die y-Koordinate des Scheitelpunktes S_c ist von c abhängig. $S_c \left(1 \mid c - \frac{1}{2}\right)$ mit c∈ℝ

Basisaufgaben

1 Potenzregel: Kreuzen Sie die Ableitungsfunktion der Potenzfunktion mit natürlichen Exponenten an.

Hilfe: $f(x) = x^n$, dann gilt $f'(x) = n \cdot x^{n-1}$ $\;n \in \mathbb{N}$ Wenn

a) $f(x) = x^6$ ☐ $f'(x) = 6x^6$ ☒ $f'(x) = 6x^5$ ☐ $f'(x) = 5x^6$

b) $g(x) = x^{13}$ ☐ $g'(x) = 13x^{13}$ ☒ $g'(x) = 13x^{12}$ ☐ $g'(x) = 12x^{13}$

c) $h(x) = x$ ☐ $h'(x) = -x$ ☐ $h'(x) = x^{-1}$ ☒ $h'(x) = 1$

2 Geben Sie die Gleichung der Ableitungsfunktion f' an.

a) $f(x) = x^4$ $f'(x) = \underline{4x^3}$

b) $f(x) = x^{14}$ $f'(x) = \underline{14x^{13}}$

c) $f(x) = x^{44}$ $f'(x) = \underline{44x^{43}}$

d) $f(x) = x^{77}$ $f'(x) = \underline{77x^{76}}$

3 Leiten Sie die Potenzfunktionen mit rationalen Exponenten mithilfe der Potenzregel ab.

Hilfe: $f(x) = x^r$, $r \in \mathbb{R}$ dann gilt $f'(x) = r \cdot x^{r-1}$ Wenn

f(x)	x^{-10}	x^{-20}	$-x^{-15}$	$x^{-0,1}$	$x^{-\frac{2}{5}}$	$x^{-2,1}$
f'(x)	$-10x^{-11}$	$-20x^{-21}$	$15x^{-16}$	$-0,1x^{-1,1}$	$-0,4x^{-1,4}$	$-2,1x^{-3,1}$

4 Schreiben Sie den Funktionsterm als Potenz mit der Basis x. Geben Sie die Gleichung der Ableitungsfunktion f' an.

f(x)	$\frac{1}{x^8} = x^{-8}$	$\frac{1}{x^4} = x^{-4}$	$\frac{1}{x^{-6}} = x^6$	$\sqrt[4]{x} = x^{\frac{1}{4}}$	$\sqrt[5]{x^2} = x^{\frac{2}{5}}$	$\sqrt[4]{x^3} = x^{\frac{3}{4}}$
f'(x)	$-8x^{-9}$	$-4x^{-5}$	$6x^5$	$\frac{1}{4}x^{-\frac{3}{4}}$	$\frac{2}{5}x^{-\frac{3}{5}}$	$\frac{3}{4}x^{-\frac{1}{4}}$

5 Faktorregel: Geben Sie die Funktion der Ableitungsfunktion an.

Hilfe: $f(x) = k \cdot g(x)$ mit $k \in \mathbb{R}$, dann gilt $f'(x) = k \cdot g'(x)$. Wenn

f(x)	$7x^{-3}$	$-11x^{-2}$	$4x^{\frac{1}{2}}$	$-3x^{-\frac{1}{3}}$	$-\frac{2}{5}x^{-\frac{2}{3}}$
f'(x)	$-21x^{-4}$	$22x^{-3}$	$2x^{-\frac{1}{2}}$	$x^{-\frac{4}{3}}$	$\frac{4}{9}x^{-\frac{5}{3}}$

6 Verbinden Sie zusammenpassende Funktionen und deren Ableitungsfunktionen.

$f(x) = 4x^n$ $(n \in \mathbb{N})$ $f(x) = x^{2n}$ $(n \in \mathbb{N})$ $f(x) = -x^{n+7}$ $(n \in \mathbb{N})$

$f(x) = 3x^{20}$ $f(x) = -30x^{19}$ $f(x) = -1,5x^{20}$

$f'(x) = -(n+7) \cdot x^{n+6}$ $f(x) = 4n \cdot x^{n-1}$ $f'(x) = 2n \cdot x^{2n-1}$

7 Korrigieren Sie, wenn nötig, die Ableitungsfunktion in der unteren Zeile.

f(x)	$2x^2$	$\frac{1}{5}x^5$	x^4	$2x^{-7}$	$-\frac{1}{2}x^{-\frac{3}{2}}$	$\frac{1}{\sqrt{x}}$	$2\frac{1}{3\sqrt[3]{x^2}}$
f'(x)	$4x$	$\frac{1}{5}x^5$	$4x$	$-14x^{-8}$	$\frac{3}{4}x^{-\frac{5}{2}}$		$2\sqrt[3]{x}$

Zusatzaufgabe: Eine Ableitungsfunktion f' bleibt übrig. Geben Sie dazu die Gleichung einer zugehörigen Funktion f an. $f(x) = \frac{1}{7}x^{21}$

Zusatzaufgabe: Nennen Sie naheliegende Fehlerursachen. individuelle Lösung

8 Summenregel: Leiten Sie die Funktion ab.

Multiplizieren Sie, wenn nötig, den Funktionsterm aus.

Hilfe: $f(x) = g(x) + k(x)$, dann gilt $f'(x) = g'(x) + k'(x)$. Wenn

a) $f(x) = x^3 + x^{17}$ $f'(x) = \underline{3x^2 + 17x^{16}}$

b) $f(x) = x^4 + 4x^2$ $f'(x) = \underline{4x^3 + 8x}$

c) $f(x) = 8x^5 + 4x^{-4}$ $f'(x) = \underline{40x^4 - 16x^{-5}}$

d) $f(x) = 7x^5 - 6x^3 + 7x - 4$ $f'(x) = \underline{35x^4 - 18x^2 + 7}$

e) $f(x) = \frac{(x+4)^2}{2} = 0,5x^2 + 4x + 8$ $f'(x) = \underline{x + 4}$

f) $f(x) = \frac{1}{3}(3x^5 - 2x^4 + x^3) = 3x^4 - 2x^3 + x$ $f'(x) = \underline{12x^3 - 6x^2 + 1}$

g) $f(x) = x^2(4x - 7) = 4x^3 - 7x^2$ $f'(x) = \underline{12x^2 - 14x}$

h) $f(x) = r(sx^2 - tx + u) = rsx^2 - rtx + ru$ $f'(x) = \underline{2rsx - rt}$

9 Ergänzen Sie zuerst die Ableitungsfunktionen g', h' sowie k' und danach die Tabelle.

$g(x) = x^5$ $h(x) = 3 \cdot \frac{1}{x^4}$ $k(x) = \sqrt[3]{x^5}$

$g'(x) = 5x^4$ $h'(x) = -12x^{-5}$ $k'(x) = \frac{5}{3}x^{\frac{2}{3}} = 1,\overline{6}x^{\frac{2}{3}}$

Funktion f	Struktur von f	Ableitungsfunktion f'
$x^5 + \sqrt[3]{x^5}$	$g(x) + k(x)$	$5x^4 + 1\frac{2}{3}x^{\frac{2}{3}}$
$x^5 - 3 \cdot \frac{1}{x^4}$	$g(x) - h(x)$	$5x^4 + 12x^{-5}$
$\sqrt[3]{x^5} + 3 \cdot \frac{1}{x^4}$	$k(x) + h(x)$	$\frac{5}{3}x^3 - 12x^{-5}$
$x^5 + 3 \cdot \frac{1}{x^4} - 0,5x^2$	$g(x) + h(x) - 0,5x^2$	$5x^4 - 12x^{-5} - x$
$3 \cdot \frac{1}{x^4} - \sqrt[3]{x^5} + x$	$h(x) - k(x) + x$	$-12x^{-5} - \frac{5}{3}x^{\frac{2}{3}} + 1$
$x^5 - \sqrt[3]{x^5}$	$g(x) - k(x)$	$5x^4 - \frac{5}{3}x^{\frac{2}{3}}$
$x^5 + 3 \cdot \frac{1}{x^4}$	$g(x) + h(x)$	$5x^4 - 12x^{-5}$
$\sqrt[3]{x^5} - 3 \cdot \frac{1}{x^4} + x^5$	$k(x) - h(x) + g(x)$	$\frac{5}{3}x^{\frac{2}{3}} + 12x^{-5} + 5x^4$

10 Verbinden Sie jede Funktion mit ihrer Ableitungsfunktion.

$f(x) = 3x^4 + 2x^3 + x^2$

$f(x) = x^{-1}(3x^4 + 2x^3 + x^3)$

$f(x) = x(3x^3 + 2x^2 - x^{-2})$

$f'(x) = 3x^4 - 3x^2 + 2x$

$f'(x) = 12x^3 + 6x^2 + x^{-2} - 2x$

$f'(x) = 12x^3 + 6x^2 + 4x + 3$

$f'(x) = 12x^3 - 6x + 2$

$f'(x) = 12x^3 + 6x^2 + 2x$

$f'(x) = 15x^4 + 4x^3 + 6x^2$

$f'(x) = 9x^2 + 2x + 2$

$f'(x) = 12x^3 + 3x^2$

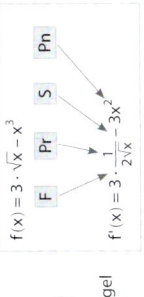

$$f(x) = x^r \qquad f'(x) = r \cdot x^{r-1}$$
$$g(x) = c \qquad g'(x) = 0$$
$$m(x) = \sin(x) \qquad m'(x) = \cos(x)$$
$$n(x) = \cos(x) \qquad n'(x) = -\sin(x)$$
$$j(x) = k(x) + l(x) \qquad j'(x) = k'(x) + l'(x)$$

11 Die Ableitungen sind fehlerhaft. Korrigieren Sie zuerst die Ableitung. Geben Sie eine mögliche Fehlerursache an.

a) $f(x) = 3x^2(x - 4)$ $\qquad f'(x) = 9x^2 - 8x$

z. B. Beim Ausmultiplizieren wurde einmal der Faktor 3 vergessen : $f(x) = 3x^3 - 12x^2$. $\quad f'(x) = 9x^2 - 24x$

b) $f(x) = (x + 2)(x + 6)$ $\qquad f'(x) = 2x + 20$

z. B. Beim Ableiten wurde die Konstante „mitgenommen" : $f(x) = x^2 + 8x + 12$. $\quad f'(x) = 2x + 8$

c) $f(x) = 5(x^2 - 2)(x^2 + 2)^2$ $\qquad f'(x) = 5(6x^6 + 24x^4 + 24x^2)$

z. B. Beim Multiplizieren wurde das Minus vergessen, beim Ableiten die Exponenten $f(x) = 5(x^6 + 2x^4 - 4x^2 - 8)$. $\quad f'(x) = 5(6x^5 + 8x^3 - 8x)$

d) $9x^4 - 3x^{-3} - 6\cos(x)$ $\qquad f'(x) = 36x^3 - 9x^{-2} - 6\sin(x)$

z. B. Beim Ableiten wurde ein Exponent erhöht statt verkleinert und cos wird zu $(-\sin)$. $\quad f'(x) = 36x^3 + 9x^{-4} + 6\sin(x)$

12 Ableitung an einer Stelle: Bestimmen Sie die Ableitung (Steigung) an der Stelle.

a) $f(x) = 0,1x^5$
$f'(x) = 0,5x^4$
$f'(0) = 0,5 \cdot 0^4 = 0$
$f'(2) = 0,5 \cdot 2^4 = 8$

b) $f(x) = 6x^3 + 3x - 7$
$f'(x) = 18x^2 + 3$
$f'(0) = 18 \cdot 0^2 + 3 = 3$
$f'(2) = 18 \cdot 2^2 + 3 = 75$

c) $f(x) = \dfrac{x^6 + x^2}{x^3} = x^3 + x^{-1}$
$f'(x) = 3x^2 - \dfrac{1}{x^2}$
$f'(1) = 3 \cdot (1)^2 - \dfrac{1}{(1)^2} = 3 - 1 = 2$
$f'(-2) = 3 \cdot (-2)^2 - \dfrac{1}{(-2)^2} = 12 - 0,25 = 11,75$

d) $f(x) = (\sqrt{x} + 3)^2 = x + 6\sqrt{x} + 9 = x + 6 \cdot x^{\frac{1}{2}} + 9$
$f'(x) = 1 + 3 \cdot x^{-\frac{1}{2}}$
$f'(4) = 1 + 3 \cdot 4^{-\frac{1}{2}} = 1 + 1,5 = 2,5$
$f'(9) = 1 + 3 \cdot 9^{-\frac{1}{2}} = 1 + 1 = 2$

13 Markieren Sie alle zu einer Funktion passenden Karten mit der gleichen Farbe (oder dem gleichen Symbol).

$f(x) = 2x^3$ **A**	$f(x) = 2x^3 - x$ **B**	$f(x) = 2x^3 + x^2$ **C**	$f(x) = x^2 + \cos(x)$ **G**
$f(x) = -3x^2$ **D**	$f(x) = 3x^2 + 3x$ **E**	$f(x) = 3x^2 + 3x^3$ **F**	$f(x) = x^{-2} - \sin(30°)$ **H**

$f'(x) = 6x^2$ **A**	$f'(x) = 6x^2 + 2x$ **C**	$f'(x) = 6x^2 - 1$ **B**
$f'(x) = -2x^{-3}$ **H**	$f'(x) = 6x + 9x^2$ **F**	$f'(x) = 6x + 3$ **E**
$f'(x) = -6x$ **D**	$f'(x) = 2x - \sin(x)$ **G**	

$f'(-4) = -21$ **E**	$f'(5) = 255$ **F**	$f'(4) = 96$ **A**	$f'(5) = 149$ **B**	$f'(-2) = 104$ **C**	$f'(-5) = 30$ **D**
$f'(-5) = 149$ **B**	$f'(\pi) = 2\pi$ **G**	$f'(-5) = 195$ **F**	$f'(4) = 104$ **C**	$f'(-2) = 0,25$ **H**	$f'(1) = 8$ **C**

$$f(x) = 3 \cdot \sqrt{x} - x^3$$
[F] [Pr] [S] [Pn]
$$f'(x) = 3 \cdot \frac{1}{2\sqrt{x}} - 3x^2$$

Weiterführende Aufgaben

14 Ableitungsregeln mit Abkürzungen angeben

a) Ergänzen Sie die vier Abkürzungen der Ableitungsregeln.

Pn ____ Potenzregel für natürliche Exponenten   F ____ Faktorregel

Pr ____ Potenzregel für rationale Exponenten   S ____ Summenregel

b) Geben Sie an, in welcher Reihenfolge die Ableitungsregeln angewandt wurden.

z. B. 1. Möglichkeit: S – F – Pr – Pn

2. Möglichkeit: S – F – Pn – Pr

Zusatzaufgabe: Finden Sie eine weitere Möglichkeit.

c) Leiten Sie ab und ergänzen Sie die Kürzel der angewandten Regeln. Vergeben Sie, wenn nötig, weitere Kürzel.

① $f(x) = 7 \cdot x^4 + x^{-3}$ ② $f(x) = \frac{2}{3} \cdot \sin(x) + 2 \cdot \sqrt{x}$

[F] [Pn] [S] [Pr]   [F] [TR] [S] [F] [Pr]

$f'(x) = 7 \cdot 4x^3 + (-3) \cdot x^{-4}$ $f'(x) = \frac{2}{3} \cdot \cos x + 2 \cdot \frac{1}{2\sqrt{x}}$

Anmerkung: Es gibt neben F, Pn, Pr und S weitere Ableitungsregeln.

15 Bestimmen Sie die Ableitung.

Bringen Sie dazu zuerst die Funktionsterme in eine geeignete Form.

$f(x) = \frac{1}{x} \cdot (x - 1) \cdot (x^2 + 3x)$ $\qquad (x \neq 0)$

$f(x) = \frac{1}{x} \cdot (x^3 + 3x^2 - x^2 - 3x\ ) = x^2 + 2x - 3$

$f'(x) = 2x + 2$

16 Wird der Graph einer Funktion f um a nach rechts in Richtung der x-Achse verschoben, so entsteht der Graph einer neuen Funktion g mit dem Funktionsterm $g(x) = f(x - a)$.

a) Gilt für die Ableitungsfunktion von g: $g'(x) = f'(x - a)$? Begründen Sie Ihre Meinung.

Ja. Wenn der Graph von f um a in Richtung der x-Achse verschoben wird, werden auch die Tangenten an den Graphen von f um a in Richtung der x-Achse verschoben, wobei sich die Steigung nicht ändert.

b) Zeigen Sie die Gültigkeit der neuen Ableitungsregel aus a am Beispiel der Funktion f mit $f(x) = 3x^2$. Leiten Sie dazu die um 5 Einheiten nach rechts in Richtung der x-Achse verschobene Funktion g zuerst mit der neuen Regel aus a und danach mit den vorher bekannten Regeln ab.

Ableitungsregel aus a: $\qquad f'(x) = 6 \cdot x \qquad\qquad g'(x) = f'(x - 5) = 6 \cdot (x - 5) = 6x - 30$

mit vorher bekannten Regeln: $\quad g(x) = f(x - 5) = 3 \cdot (x - 5)^2 = 3 \cdot (x^2 - 10x + 25) = 3 \cdot x^2 - 30 \cdot x + 75$

$\qquad\qquad\qquad\qquad\qquad\qquad\qquad g'(x) = 3 \cdot 2x - 30 = 6x - 30$

Test – Steigung und Ableitung

1 Kreuzen Sie Zutreffendes an.

a) $f(x) = x^{11}$
☐ $f'(x) = x^{10}$ ☐ $f'(x) = 11x$ ☒ $f'(x) = 11x^{10}$

b) $f(x) = x^{-9}$
☒ $f'(x) = -9x^{-10}$ ☐ $f'(x) = 9x^{8}$ ☐ $f'(x) = 9x^{-8}$

c) $f(x) = -7x^{-2}$
☒ $f'(x) = 14x^{-3}$ ☐ $f'(x) = -14x^{-3}$ ☐ $f'(x) = 5x^{-1}$

d) $f(x) = \sin(x)$
☒ $f'(x) = \cos(x)$ ☐ $f'(x) = -\cos(x)$ ☐ $f'(x) = -\sin(x)$

e) $f(x) = x + 1$
☒ $f'(x) = 1$ ☐ $f'(x) = 0{,}5x$ ☐ $f'(x) = 2$

f) $f(x) = \sqrt[4]{x}$
☒ $f'(x) = 0{,}25x^{-0{,}75}$ ☐ $f'(x) = -4x^{-3}$ ☐ $f'(x) = -0{,}25x^{-0{,}75}$

2 Gegeben ist die Funktion f mit $f(x) = x^3 + 1$.
Es sind Intervalle von f und mittlere Änderungsraten gegeben.
Verbinden Sie zusammenpassende Karten.

$I = [-2; -1]$ $I = [-1; 0]$ $I = [0; 2]$ $I = [-1; 2]$

$m = 1$ $m = 4$ $m = 3$ $m = 7$ $m = -8$

3 Kreuzen Sie alle Ergänzungen an, durch die man wahre Aussagen erhält.
Gegeben sind die Punkte $A(a|f(a))$, $B(b|f(b))$ und $P(x|f(x))$.

Der Differenzenquotient $\dfrac{f(b)-f(a)}{b-a}$ der Funktion f im Intervall $[a; b]$ gibt … an.
☐ die lokale Änderungsrate
☒ die mittlere Änderungsrate
☐ die Steigung der Passante durch A und B
☐ die Steigung der Tangenten von A und B
☒ die Steigung der Sekante durch A und B

Der Wert des Differenzenquotienten $\dfrac{f(x)-f(x_0)}{x-x_0}$ für $x \to x_0$ gibt … an.
☒ die lokale Änderungsrate an der Stelle x_0
☐ die lokale Änderungsrate an der Stelle x
☐ die mittlere Änderungsrate im Intervall $[x; x_0]$
☒ die Steigung der Tangente im Punkt $P(x_0|f(x_0))$
☐ die Steigung der Sekante durch x

4 Gegeben ist der Graph der Funktion f mit $f(x) = x^2 - 3x$.
Kreuzen Sie Zutreffendes an und zeichnen Sie passende Geraden im Koordinatensystem ein.

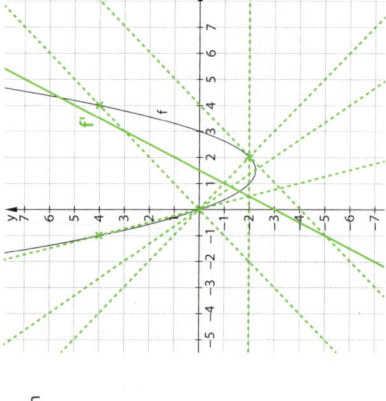

a) Die mittlere Änderungsrate ist -4 im Intervall …
☒ $[-1; 0]$ ☐ $[0; 1{,}5]$ ☐ $[1{,}5; 3]$ ☐ $[3; 4]$

b) Die mittlere Änderungsrate m ist im Intervall $[0; 4]$ …
☐ $m = 0$ ☐ $m = -1$ ☒ $m = 1$ ☐ $m = 4$

c) Die Steigung der Sekante durch den Ursprung und den Punkt $A(2|-2)$ ist …
☒ -1 ☐ 0 ☐ 1 ☐ 2

d) Die lokale Änderungsrate ist 0 an der Stelle …
☐ $x = 0$ ☒ $x = 1{,}5$ ☐ $x = 3$ ☐ $x = 4{,}2$

e) Die lokale Änderungsrate ist 1 an der Stelle …
☐ $x = -1$ ☐ $x = 0$ ☒ $x = 1$ ☐ $x = 2$

f) Die Ableitungsfunktion von f ist f' mit …
☐ $f'(x) = x - 2$ ☐ $f'(x) = 2x$ ☐ $f'(x) = 3x - 2$ ☒ $f'(x) = 2x - 3$

g) Die Steigung der Sekante durch die Punkte $P(3|0)$ und $Q(-1|4)$ kann berechnet werden mit …
☐ $\dfrac{-1-3}{4-0}$ ☐ $\dfrac{3-(-1)}{0-4}$ ☒ $\dfrac{4-0}{-1-3}$ ☐ $\dfrac{0-4}{3-(-1)}$

5 Ergänzen Sie die Tabelle.

Funktion	$f(x) = -1$	$g(x) = x^{-1}$	$h(x) = 4x^2 + 7x$	$k(x) = 0{,}5x^4 + x^3$
Ableitungsfunktion	$f'(x) = 0$	$g'(x) = -x^{-2}$	$h'(x) = 8x + 7$	$k'(x) = 2x^3 + 3x^2$
Ableitung an der Stelle $x = 0$	$f'(0) = 0$	nicht definiert	$h'(0) = 7$	$k'(0) = 0$
Ableitung an der Stelle $x = 2$	$f'(2) = 0$	$g'(2) = -0{,}25$	$h'(2) = 23$	$k'(2) = 28$

6 Gegeben ist die Funktion f mit $f(x) = \frac{1}{3}x^3 - 3x^2 + 5x$.

a) Geben Sie zuerst die Ableitungsfunktion f' an.
Ermitteln Sie danach eine Gleichung der Tangente t_A von f im Punkt $A(0|0)$.
$f'(x) = x^2 - 6x + 5$ $m = f'(0) = 5$, somit gilt $t_A(x) = 5x$.

b) Die Tangente t_B hat die gleiche Steigung wie die Tangente t_A im Punkt $A(0|0)$.
Ermitteln Sie den Berührpunkt B und eine Gleichung von t_B:
$f'(x) = 5$, also gilt $x^2 - 6x + 5 = 5$. $x^2 - 6x = 0$ hat die Lösungen $x_1 = 6$ und $x_2 = 0$.
$f(6) = \frac{1}{3} \cdot 6^3 - 3 \cdot 6^2 + 5 \cdot 6 = -6$ $B(6|-6)$; $t_B(6) = 5 \cdot 6 + b = -6$, somit gilt $b = -36$ und $t_B(x) = 5x - 36$.

c) Es gibt genau eine Stelle, an der der Graph von f die Steigung -4 hat.
Bestimmen Sie eine Gleichung der zugehörigen Tangente t.
$f'(x) = -4$, also gilt $x^2 - 6x + 5 = -4$. $x^2 - 6x + 5 = -4$ hat die Lösung $x = 3$ (da $x^2 - 6x + 9 = (x-3)^2$).
$f(3) = \frac{1}{3} \cdot 3^3 - 3 \cdot 3^2 + 5 \cdot 3 = -3$ $B(3|-3)$; $t_B(3) = -4 \cdot 3 + b = -3$, somit gilt $b = 9$ und $t_B(x) = -4x + 9$.

d) Bestimmen Sie die x-Koordinaten der Punkte des Graphen von f, in denen der Graph Tangenten besitzt, die parallel zur x-Achse verlaufen.
$f'(x) = 0$, also gilt $x^2 - 6x + 5 = 0$. $0 = x^2 - 6x + 5 = (x-1)(x-5)$ hat die Lösungen $x_1 = 1$ und $x_2 = 5$.

7 Das Kreisviadukt von Brusio in der Schweiz hat einen Maximalanstieg von 7 %, damit die eingesetzten Züge den „Aufstieg" schaffen können.
Anstieg von 7 % bedeutet, dass je 100 m horizontaler Entfernung 7 m in vertikaler Entfernung zurückgelegt werden.

a) Gedankenexperiment: Stellen Sie sich eine Bahntrasse mit einem Anstieg von 7 % als Gerade in einem Koordinatensystem vor.
Geben Sie die Steigung m und den Steigungswinkel α der Geraden an.
$m = \frac{7}{100} = 0{,}07$ $0{,}07 = \tan(\alpha)$, somit gilt $\alpha \approx 4°$.

b) Gedankenexperiment: Stellen Sie sich vor, dass eine Bahntrasse mit einer Maximalsteigung von 7 % zu bauen ist.
Die Funktionsgleichungen f_1, f_2 und f_3 beschreiben für $x > 0$ vorhandene Höhenunterschiede. Ermitteln Sie rechnerisch, bei welcher Variante die Bedingung am längsten erfüllt ist.

Variante ①: $f_1(x) = 0{,}00005x^2$
Variante ②: $f_2(x) = 0{,}000005x^3 + 7$
Variante ③: $f_3(x) = 0{,}0000005x^3 + 0{,}05x^2$

$f_1'(x) = 0{,}0001x$ $0{,}0001x \leq 0{,}07$ gilt für $x \leq 700$
$f_2'(x) = 0{,}000015x^2$ $0{,}000015x^2 \leq 0{,}07$ gilt für $x^2 \leq 4666{,}\overline{6}$ also $x \leq 68{,}31$
$f_3'(x) = 0{,}0000015x^2 + 0{,}1x$ $0{,}0000015x^2 + 0{,}1x \leq 0{,}07$ $0 = x^2 + 66666{,}\overline{6}x - 46666{,}\overline{6}$
also gilt $x_1 \approx 0{,}699$ und $x_2 \approx -66667$, also $x \leq 0{,}699$.

Bei Variante ① ist die Bedingung am längsten erfüllt.

Basisaufgaben

1 Monotonie einer Funktion: Betrachten Sie den Graphen der Funktion f im Intervall $-3 < x < 3$.

Hilfe: $f(x_2) < f(x_1)$; gilt: $x_1 < x_2 \Rightarrow$ …

f heißt streng monoton steigend, wenn für alle x_1, x_2 gilt: $x_1 < x_2 \Rightarrow f(x_1) < f(x_2)$.
f heißt streng monoton fallend, wenn für alle x_1, x_2 gilt: $x_1 < x_2 \Rightarrow f(x_1) > f(x_2)$.

a) Färben Sie Teile des Graphen passend ein.
☐ f ist streng monoton steigend. ·········
☐ f ist streng monoton fallend. - - - -

b) Geben Sie alle passenden Intervalle an.
① f ist streng monoton steigend für
$-3 < x < -2{,}5$ und $-1 < x < 1{,}5$.
② f ist streng monoton fallend für
$-2{,}5 < x < -1$ und $1{,}5 < x < 2$.

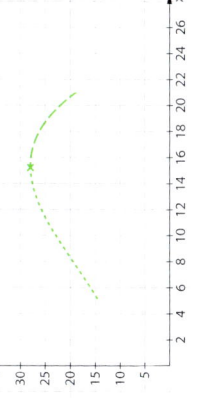

c) Zeichnen Sie Tangenten ein und kreuzen Sie Zutreffendes an.

Teile der Tangente am Graphen der Funktion f verlaufen sowohl durch den I. als auch den III. Quadranten, somit ist f an der Stelle streng monoton steigend.
☒ wahr ☐ falsch

Teile der Tangente am Graphen der Funktion f verlaufen sowohl durch den II. als auch den IV. Quadranten, somit ist f an der Stelle streng monoton fallend.
☒ wahr ☐ falsch

2 Monotonieintervalle und Kriterium für Monotonie: Gegeben sind Graphen.

Hilfe: Wenn f'(x) > 0 für alle x aus dem Intervall I, dann ist die Funktion f streng monoton steigend auf I.
Wenn f'(x) < 0 für alle x aus dem Intervall I, dann ist die Funktion f streng monoton fallend auf I.
Die Nullstellen der Ableitungsfunktion f' unterteilen den Definitionsbereich von f in Monotonieintervalle.

a) Markieren Sie zuerst durch zur y-Achse parallele Geraden die Wechsel von steigend zu fallend bzw. die Wechsel von streng monoton steigend zu fallend am Graphen der Funktion f.
Färben Sie danach auf der x-Achse die Intervalle, in denen die Ableitungsfunktion f' nur positive bzw. nur negative Werte annimmt, unterschiedlich ein.

☐ f'(x) > 0 und f ist streng monoton steigend. ·········
☐ f'(x) < 0 und f ist streng monoton fallend. - - - -

b) Einer der Graphen gehört zur Funktion f. Beschriften Sie diesen mit f.

3 Untersuchen Sie die Funktion mithilfe der Ableitung auf Monotonie.

a) $f(x) = 0{,}25x^4 + 2x^3 + 2{,}5x^2 + 1$

1. Ermitteln der Ableitung von f'
$f'(x) = x^3 + 6x^2 + 5x$

2. Ermitteln der Nullstellen von f'
$0 = x^3 + 6x^2 + 5x$
$0 = x \cdot (x^2 + 6x + 5)$, also ist $x_1 = 0$.
$x_2 = -3 + \sqrt{3^2 - 5} = -1$
$x_3 = -3 - \sqrt{3^2 - 5} = -5$

3. Ermitteln des Vorzeichens (VZ) von f'(x) für eine Teststelle aus jedem Monotonieintervall und angeben, ob f auf I streng monoton steigt (↗) oder fällt (↘).

Monotonie-intervall	Test-stelle	VZ von f'(x)	Monotonie-verhalten von f
x < -5	-10	-	↘
-5 < x < -1	-2	+	↗
-1 < x < 0	-0,5	-	↘
0 < x	1	+	↗

b) $g(x) = -0{,}75x^4 + 4x^3 + 31{,}5x^2 + 6$

$g'(x) = -3x^3 + 12x^2 + 63x$

$0 = -3x^3 + 12x^2 + 63x$
$0 = -3x \cdot (x^2 - 4x - 21)$, also ist $x_1 = 0$.
$x_2 = 2 + \sqrt{2^2 + 21} = 7$
$x_3 = 2 - \sqrt{2^2 + 21} = -3$

Monotonie-intervall	Test-stelle	VZ von f'(x)	Monotonie-verhalten von f
x < -3	-5	+	↗
-3 < x < 0	-1	-	↘
0 < x < 7	1	+	↗
7 < x	10	-	↘

Zusatzaufgabe: Skizzieren Sie einen möglichen Verlauf der Graphen f und g. individuelle Lösung (Kontrolle mit GTR)

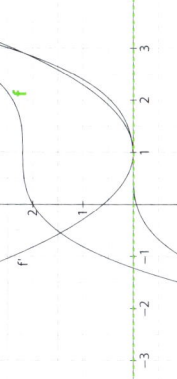

Weiterführende Aufgaben

4 Den Temperaturverlauf von 6:00 Uhr bis 21:00 Uhr an einem Sommertag beschreibt der Graph der Funktion f mit
$f(t) = -\frac{1}{100} \cdot t^3 + \frac{23}{100} \cdot t^2 + 10$.

a) Markieren Sie die Bereiche, in denen die Temperatur steigt bzw. fällt, mit unterschiedlichen Farben.
☐ Temperatur steigt ☐ Temperatur fällt

b) Berechnen Sie den Zeitpunkt, an dem sich das Monotonieverhalten ändert, auf die Minute genau.
$f'(t) = -\frac{3}{100}t^2 + \frac{46}{100}t$

Nullstelle von f':
$-\frac{3}{100}t^2 + \frac{46}{100}t = 0 \qquad | \cdot 100$
$-3t^2 + 46t = 0$
$-3t \cdot \left(t - \frac{46}{3}\right) = 0$
$t = \frac{46}{3} = 15\frac{1}{3}$

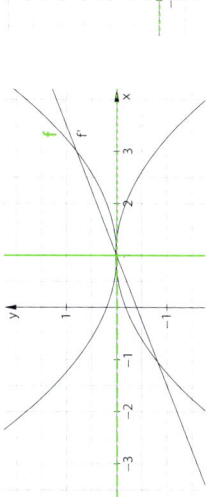

Das Monotonieverhalten ändert sich um 15:20 Uhr.

Im betrachteten Bereich liegt nur diese Lösung.

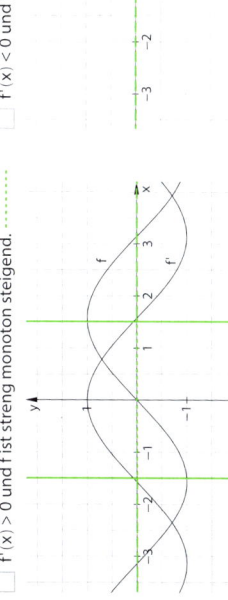

Extrem- und Sattelpunkte

Basisaufgaben

1 Extrempunkte (Hoch- und Tiefpunkte): Gegeben ist der Graph der Funktion f.

a) Ergänzen Sie die Tabelle zum Graphen der Funktion f.

b) Skizzieren Sie je eine Tangente links und rechts in der Umgebung der Extrempunkte. Geben Sie dort die Vorzeichen der Ableitung am Graphen an.

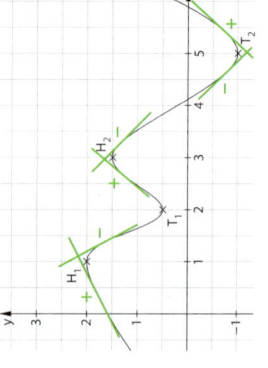

Extremstelle	$x = 1$	$x = 2$	$x = 3$	$x = 5$
Hochpunkt	$H_1(1\|2)$	–	$H_2(3\|1,5)$	–
lokales Maximum	$y = 2$	–	$y = 1,5$	–
Tiefpunkt	–	$T_1(2\|0,5)$	–	$T_2(5\|-1)$
lokales Minimum	–	$y = 0,5$	–	$y = -1$

2 Notwendige Bedingung für lokale Extrempunkte: Berechnen Sie mithilfe der Ableitungsfunktion f' die Stellen, die als Extremstellen infrage kommen.

Hilfe: $f'(x^E) = 0$ gilt. Damit an der Stelle x^E einen Hochpunkt oder Tiefpunkt hat, dann gilt für Stelle x^E einen Hochpunkt oder Tiefpunkt hat, die als Extremstellen infrage kommen.

a) $f(x) = x^2 - 4x + 4$

$f'(x) = 2x - 4$

$0 = 2x - 4$

$x = 2$

x = 2 kommt als Extremstelle infrage.

b) $g(x) = -x^3 + 3x^2 + 2$

$g'(x) = -3x^2 + 6x$

$0 = -3x^2 + 6x$

$0 = -x^2 + 2x = -x(x - 2)$

$x_1 = 0 \qquad x_2 = 2$

$x_1 = 0$ und $x_2 = 2$ kommen als Extremstellen infrage.

c) $h(x) = 0,25x^4 + \frac{1}{3}x^3 - x^2$

$h'(x) = x^3 + x^2 - 2x$

$0 = x^3 + x^2 - 2x$

$0 = x(x^2 + x - 2) = x(x - 1)(x + 2)$

$x_1 = 0 \qquad x_2 = 1 \qquad x_3 = -2$

$x_1 = 0$, $x_2 = 1$ und $x_3 = -2$ kommen als Extremstellen infrage.

d) $i'(x) = x^3 + 3,5x^2 + 3,5x + 1$

$i'(x) = 3x^2 + 7x + 3,5$

$0 = x^2 + \frac{7}{3}x + \frac{7}{6}$

$x_1 = -\frac{7}{6} + \sqrt{\left(\frac{7}{6}\right)^2 - \frac{7}{6}} \approx -0,73$

$x_2 = -\frac{7}{6} - \sqrt{\left(\frac{7}{6}\right)^2 - \frac{7}{6}} \approx -1,61$

In der Nähe von $x_1 = -0,73$ und $x_2 = -1,61$ könnten Extremstellen liegen.

Zusatzaufgabe: Prüfen Sie mit dem GTR, ob die berechneten Stellen Extremstellen (keine Sattelpunkte) sein können.

3 Ordnen Sie jedem Extrempunkt genau eine Funktion und ihre Ableitungsfunktion zu. Nutzen Sie keinen GTR o. Ä.

Achtung, einer der Punkte ist ein Sattelpunkt.

Der Punkt T(0|0) ist Sattelpunkt von $f(x) = 0,25x^4 - 3x^3$.

P(1|−2)	S(0|1)	V(1|0)
Q(−1|0)	R(−1|2)	U(9|−546,75)
	T(0|0)	

$f(x) = x^3 - 3x$ $\quad$ $f(x) = x^4 - 2x^2 + 1$ $\quad$ $f(x) = 0,25x^4 - 3x^3$

$f(x) = 9x^2$ $\quad$ $f(x) = x^3 - 3x$

$f'(x) = x^3 - 9x^2$ $\quad$ $f'(x) = 4x^3 - 4x$

$f'(x) = 9$ $\quad$ $f'(x) = 9x + 10$ $\quad$ $f'(x) = 18x$ $\quad$ $f'(x) = 3x^2 - 3$

---

4 Hinreichende Bedingung für lokale Extrempunkte: Entscheiden Sie mithilfe des Vorzeichenwechsels (VZW) von f', ob an der Stelle x_E ein Minimum oder ein Maximum vorliegt.

Füllen Sie die Lücken aus und kreuzen Sie Zutreffendes an.

Hilfe: Hochpunkt an Stelle x^E: f' wechselt von + nach −. Tiefpunkt an Stelle x^E: f' wechselt von − nach +.

Hochpunkt an Stelle x^E: f' wechselt von + nach −. Tiefpunkt an Stelle x^E: f' wechselt von − nach +.

$x_1 = -1$ und $x_2 = -6$ sind vermutlich Extremstellen.

a) $f(x) = x^3 + 10,5x^2 + 18x$ $\qquad$ $f'(x) = 3x^2 + 21x + 18$

x	−2	−1	0
f'(x)	−(↘)	0	+(↗)

x		−6	−5
f'(x)		0	−(↘)

☒ VZW von − nach + (Tiefpunkt bei −1)
☐ VZW von + nach − (Hochpunkt bei −1)

☐ VZW von − nach + (Tiefpunkt bei −6)
☒ VZW von + nach − (Hochpunkt bei −6)

b) $g(x) = x^5 - 1,25x^4$ $\qquad$ $f(x) = 5x^4 + 5x^3 = 5x^3(x - 1)$ $x_1 = 0$ und $x_2 = 1$ sind vermutlich Extremstellen.

x	−1	0	0,5
f'(x)	+(↗)	0	−(↘)

x		0,5	1	2
f'(x)		−(↘)	0	+(↗)

☐ VZW von − nach + (Tiefpunkt bei 0)
☒ VZW von + nach − (Hochpunkt bei 0)

☒ VZW von − nach + (Tiefpunkt bei 1)
☐ VZW von + nach − (Hochpunkt bei 1)

Zusatzaufgabe: Zeichnen Sie die Graphen mit dem GTR. Vergleichen Sie damit Ihre Ergebnisse.

5 Extrem- und Sattelpunkte: Vergleichen Sie die Vorzeichenwechsel (VZW) von f'.

a) Geben Sie die Extrem- und Sattelpunkte in der Tabelle an.

b) Schreiben Sie die Vorzeichen der Ableitung links und rechts in der Umgebung der Punkte an den Graphen. Ergänzen Sie in der Tabelle die letzte Zeile zum VZW.

	Hochpunkte	Tiefpunkte	Sattelpunkte
	$H_1(0,5\|2,5)$	$T_1(1,5\|0,5)$	$S_1(1\|1,5)$
	$H_2(2,5\|1)$	$T_2(4\|-1,5)$	$S_2(3,5\|-1)$
	–	–	$S_3(5\|1)$
	VZW von + nach −	VZW von − nach +	VZW Gibt es nicht.

6 Hinreichende Bedingung für Sattelpunkte: Entscheiden Sie mithilfe des Vorzeichenwechsels von f', ob x_S Sattelstelle ist. Geben Sie gegebenenfalls den Sattelpunkt an.

Hilfe: Sattelstelle, wenn f'(x_S) = 0 ist und das Vorzeichen von f' an der Stelle x_S nicht wechselt.

a) $f(x) = x^5 + 9$ $\qquad$ $f'(x) = 5x^4$

x	−1	0	1
f'(x)	+(↗)	0	+(↗)

b) $f(x) = 0,5x^3 - 1,5x^2 + 1,5x$ $\qquad$ $f'(x) = 1,5x^2 - 3x + 1,5x$

x		0	1	2
f'(x)		+(↗)	0	+(↗)

Zusatzaufgabe: Zeichnen Sie die Graphen mit dem GTR. Vergleichen Sie damit Ihre Ergebnisse.

7 Geben Sie eine Funktion mit dem Sattelpunkt S(0|1) an.

$f(x) = -x^3 + 1$ $\quad$ ($f(x) = ax^n + 1$ mit $n \in \mathbb{N}$, n ungerade, $a \neq 0$)

Weiterführende Aufgaben

11 Gegeben sind Graphen von Ableitungsfunktionen f'. Überlegen Sie zuerst, welche Punkte des Graphen von f' beim Skizzieren des Graphen von der Funktion f besonders hilfreich sind.
Skizzieren Sie danach den Graphen der Funktion f so, dass er durch den Punkt (0|1) verläuft.

a)

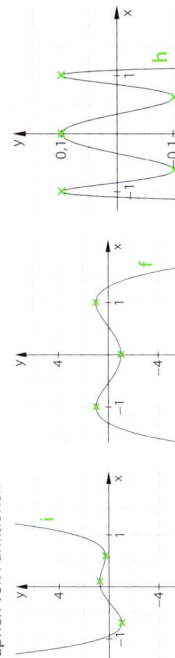

b)

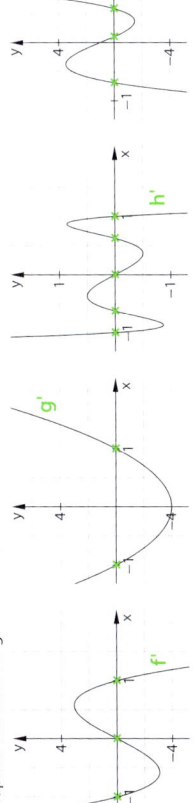

12 Die Funktion f mit $f(t) = -2t^3 + 75t^2 - 864t + 3159$ beschreibt für $9 \le t \le 19{,}5$ näherungsweise die Besucherzahl einer Ausstellung von 09:00 Uhr bis 19:30 Uhr. t gibt die Uhrzeit in Stunden an.
Berechnen Sie den Zeitpunkt, zu dem die Besucheranzahl am größten war. Geben Sie diese Anzahl an.

$f'(t) = -6t^2 + 150t - 864 = -6(t^2 - 25t + 144) = -6(t-9) \cdot (t-16)$

$f''(t) = -12t + 150$

Nullstellen von f': $\quad t_1 = 9 \quad\quad$ und $\quad t_2 = 16$

$f''(9) = 42 > 0$ (Minimum) $\quad$ und $\quad f''(16) = -42 < 0$ (Maximum)

$\quad\quad\quad\quad\quad\quad\quad\quad\quad\quad\quad\quad\quad\quad\quad\quad\quad\quad f(16) = 343$

Die Anzahl der Besucher war um 16:00 Uhr am größten. Sie betrug 343.

Zusatzaufgabe: Begründen Sie, warum die Modellierung der Besucheranzahl durch die Funktion f sinnvoll sein kann.
Nutzen Sie einen GTR.
f hat bei den Nullstellen 9 und 19,5. Die Funktionswerte zwischen den beiden Stellen sind positiv.

13 Gegeben ist die Funktion f mit $f(x) = (x-2)(0{,}5x^2 - 3{,}5x + 5)$.

a) Berechnen Sie die Koordinaten der Schnittpunkte des Graphen von f mit den Koordinatenachsen.

$0 = 0{,}5x^2 - 3{,}5x + 5 \quad |\cdot 2$

$0 = x^2 - 7x + 10$

$x_1 = \frac{7}{2} + \sqrt{\left(\frac{7}{2}\right)^2 - 10} = 5 \quad\quad x_2 = \frac{7}{2} - \sqrt{\left(\frac{7}{2}\right)^2 - 10} = 2$

$f(0) = -10$

Die Schnittpunkte mit der x-Achse sind $S_x (5|0)$ und $S_{x_2}(2|0)$ und mit der y-Achse $S_y (0|-10)$.

b) Berechnen Sie die Koordinaten der Extrempunkte des Graphen von f.

$f(x) = (x-2)(0{,}5x^2 - 3{,}5x + 5) = 0{,}5x^3 - 4{,}5x^2 + 12x - 10$

$f'(x) = 1{,}5x^2 - 9x + 12 = 1{,}5(x^2 - 6x + 8) = 1{,}5(x-2)(x-4)$

Vorzeichenwechsel

x	1	2	3	4	5
f'(x)	+	0	-	0	+
	(↗)		(↘)		(↗)

$f(2) = 0$ und $f(4) = -2$

Extrempunkte des Graphen von f sind der Hochpunkt H (2|0) und der Tiefpunkt T (4|-2).

---

8 Entscheiden Sie, ob an den Nullstellen von f' ein Hoch-, Tief- oder Sattelpunkt bei f vorliegt.
$f'(x) = 5x \cdot (x-3) \cdot (x+8) \cdot (x-1)^2$

Faktor	$(x+8)$	$5x$	$(x-1)^2$	$(x-3)$
Nullstelle	-8	0	1	3
VZW bei f' an der Nullstelle	von – nach +	von + nach –	Gibt es nicht (von – nach –).	von – nach +
Art des Punktes	Tiefpunkt	Hochpunkt	Sattelpunkt	Tiefpunkt

9 Ergänzen Sie die fehlenden Beschriftungen, f', g, g', h, h', i und i'.
Markieren Sie die dabei hilfreichen Punkte, Stellen ... in den Koordinatensystemen. **individuelle Lösung**

Graphen von Ableitungsfunktionen

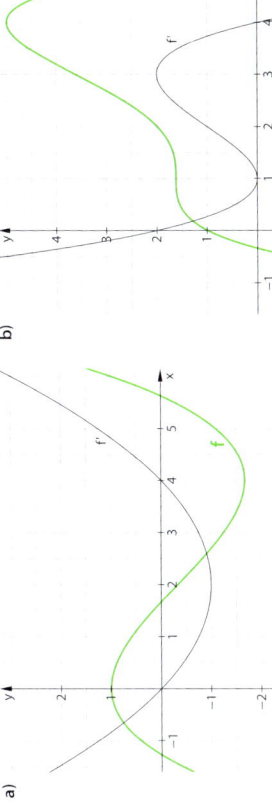

Graphen von Funktionen

10 Berechnen Sie zuerst alle Extrem- und Sattelpunkte des Graphen von f mit $f(x) = 3x^4 - 8x^3 + 6x^2$.
Skizzieren Sie danach mithilfe Ihrer Ergebnisse den Graphen von f.

$f'(x) = 12x^3 - 24x^2 + 12x = 12x \cdot (x^2 - 2x + 1) = 12x \cdot (x-1)^2 = 12x \cdot (x-1)^2$

f' besitzt die Nullstellen $x_1 = 0$ und $x_2 = 1$.

Vorzeichenwechsel

x	-1	0	0,5	1	2
f'(x)	-	0	+	0	+
	(↘)		(↗)		(↗)

f'(0) = 0 und es gibt einen Vorzeichenwechsel
von – nach +, somit erhält man den Tiefpunkt T (0|0).
(f(0) = 0)

f'(1) = 0 und es gibt keinen Vorzeichenwechsel,
somit erhält man den Sattelpunkt S (1|1).
(f(1) = 1)

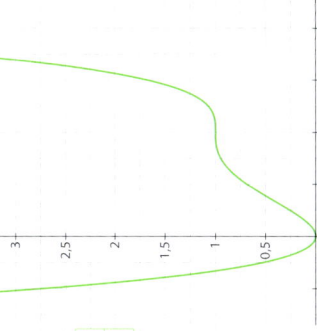

Basisaufgaben

1 Links- und Rechtskurven: Markieren Sie die Bereiche, in denen der Zug eine Links- bzw. Rechtskurve durchfährt.

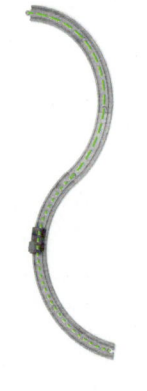

☐ Linkskurve (linksgekrümmt) ———

☐ Rechtskurve (rechtsgekrümmt) ········

Zusatzaufgabe: Ein Streckenabschnitt hat die Form:
Linkskurve – Rechtskurve – Linkskurve.
Mit welchem Buchstaben kann er beschrieben werden? **W**

2 Graphen von f, f' und f'': Gegeben sind die Graphen von Funktionen und deren ersten beiden Ableitungen.

①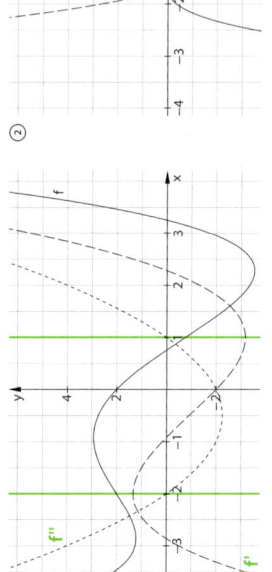

a) Beschriften Sie die Graphen der Ableitungsfunktionen.

b) Markieren Sie mit senkrechten Geraden alle passenden Stellen.

☐ bei f und g — Wechsel des Krümmungsverhaltens (Links- bzw. Rechtskrümmung)

☐ bei f' und g' — Wechsel des Monotonieverhaltens (streng monoton steigend bzw. fallend)

☐ bei f'' und g'' — Wechsel des Vorzeichens der Funktionswerte (positive bzw. negative Funktionswerte)

Zusatzaufgabe: Was fällt Ihnen auf? **Es sind jeweils die gleichen Stellen.**

c) Ergänzen Sie die Sätze zur Krümmung von f und g.
Der Graph von f ist linksgekrümmt für **x < -2 und x > 1.** Er ist rechtsgekrümmt für **-2 < x < 1.**
Der Graph von g ist linksgekrümmt für **-1 < x < 1.** Er ist rechtsgekrümmt für **x < -1 und x > 1.**

3 Krümmungsverhalten: Geben Sie an, auf welchen Intervallen der Graph von f links- bzw. rechtsgekrümmt ist.
Belegen Sie Ihre Entscheidung mithilfe von Funktionswerten von Funktionswerten zu Teststellen aus den Intervallen.
Hilfe: Wenn $f''(x) > 0$ für alle x aus dem Intervall I, dann ist der Graph der Funktion f auf I linksgekrümmt. Wenn $f''(x) < 0$ für alle x aus dem Intervall I, dann ist der Graph der Funktion f auf I rechtsgekrümmt.

a) $f''(x) = -x + 4$

$f''(0\ ) = 4$ $f''(6\ ) = -2$

Linkskrümmung des Graphen von f für:
x < 4

Rechtskrümmung des Graphen von f für:
x > 4

b) $f''(x) = 2x + 2$

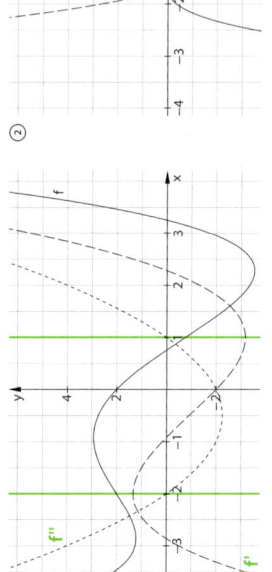

$f''(0\ ) = 2$ $f''(-2\ ) = -2$

Linkskrümmung des Graphen von f für:
x > -1

Rechtskrümmung des Graphen von f für:
x < -1

4 Untersuchen Sie mithilfe der zweiten Ableitung das Krümmungsverhalten.
Hilfe: Die Nullstellen von f'' sind die Enden von Krümmungsänderungen.

a) $f(x) = 2x^3 - 3x^2 + 4x + 5$
$f'(x) =$ **$6x^2 - 6x + 4$**
$f''(x) =$ **$12x - 6$**
$0 = 12x - 6,$ also ist x = **0,5.**
$f''(1\ ) =$ **6** $f''(0\ ) =$ **-6**

Linkskrümmung für:
x > 0,5

Rechtskrümmung für:
x < 0,5

b) $g(x) = -x^3 - 2x + 6$
$g'(x) =$ **$-3x^2 - 2$**
$g''(x) =$ **$-6x$**
$0 = -6x,$ also ist x = **0.**
$f''(-1\ ) =$ **6** $f''(1\ ) =$ **-6**

Linkskrümmung für:
x < 0

Rechtskrümmung für:
x > 0

Weiterführende Aufgaben

5 Ermitteln Sie die Hoch- und Tiefpunkte mithilfe von Ableitungen.
Hilfe: Eine hinreichende Bedingung für eine lokale Extremstelle x_E einer Funktion f ist: $f'(x_E) = 0$ und $f''(x_E) \neq 0$. Wenn $f''(x_E) < 0$, dann liegt ein Hochpunkt vor. In diesem Fall gilt: Wenn $f''(x_E) > 0$, dann liegt ein Tiefpunkt vor.

a) $f(x) = \tfrac{1}{3}x^3 - 3x^2 + 2$
$f'(x) =$ **$x^2 - 6x$**
$f''(x) =$ **$2x - 6$**
Nullstellen von f' sind $x_1 = 0$ und $x_2 =$ **6.**
$f''(0) =$ **$-6 < 0$** und $f(0) = 2$, somit gibt es bei $x_1 = 0$ den Hochpunkt H(0|2).
$f''(6\ ) =$ **$6 > 0$** und $f(6\ ) =$ **-34,** somit gibt es bei $x_2 =$ **0** den **Tiefpunkt H(6|-34).**

b) $g(x) = x^3 + 1{,}5x^2 - 6x + 4$
$g'(x) =$ **$3x^2 + 3x - 6 = 3(x-1)(x+2)$**
$g''(x) =$ **$6x + 3$**
Nullstellen von g' sind $x_1 = 1$ und $x_2 =$ **-2.**
$g''(1\ ) =$ **$9 > 0$** und $g(1\ ) =$ **0,5,** somit den **Tiefpunkt H(1|0,5).**
$g''(-2\ ) =$ **$-9 < 0$** und $g(-2\ ) =$ **14,** somit den **Hochpunkt H(-2|14).**

6 Die Funktion h mit $h(t) = -\tfrac{1}{3}t^3 + 2t^2 + 21t + 10$ beschreibt ab dem Kaufdatum für einige Wochen die Höhe einer Pflanze. t steht für die Wochen nach diesem Zeitpunkt und h(t) für die jeweilige Höhe der Pflanze in Zentimetern.

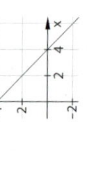 

a) Ermitteln Sie den Zeitpunkt, ab dem sich das Wachstum der Pflanze verlangsamt.
$h'(t) = -t^2 + 4t + 21; \ h''(t) = -2t + 4; \ h''(2) = 0; \ h''(x) > 0$ für $x < 2$ und $h''(x) < 0$ für $x > 2$
Nach der zweiten Woche verlangsamt sich das Wachstum der Pflanze.

b) Untersuchen Sie, bis zu welcher Woche die Funktion h das Wachstum relativ gut beschreiben könnte.
$h'(t) = -t^2 + 4t + 21 = -(t - 7)(t + 3)$
Nullstellen von h' sind $x_1 = 7$ und $x_2 = -3$ (ohne praktische Bedeutung).
$h''(7) < 0$ t = 7 ist die Maximumstelle. Die Pflanze ist nach 7 Wochen ausgewachsen.
Bis zur siebten Woche könnte die Funktion das Wachstum beschreiben.

Basisaufgaben

1 Wendepunkte von Funktionen und Graphen von Ableitungsfunktionen: Gegeben sind die Graphen von Funktionen und die der ersten beiden Ableitungen.

① ②

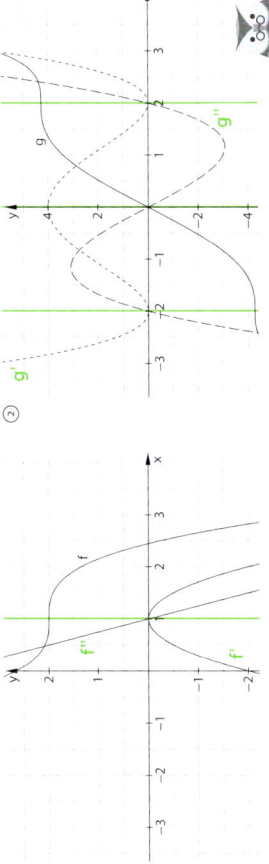

a) Markieren Sie die Wendepunkte der Funktionen f und g in den Zeichnungen.
Hilfe: Wendepunkte mit einer waagerechten Tangente sind Sattelpunkte.
Am Wendepunkt ändert sich das Krümmungsverhalten.

b) Beschriften Sie zuerst die Graphen der Ableitungsfunktionen mit f, f', f'' bzw. g, g', g''.
Markieren Sie danach mit senkrechten Geraden alle passenden Stellen.

☐ Wendestellen der Funktion f ☐ Extremstellen der ersten Ableitungsfunktion f'

☐ Nullstellen der zweiten Ableitungsfunktion f'' ☐ Sattelstellen der Funktion f

Zusatzaufgabe: Was fällt Ihnen auf? **Es sind jeweils die gleichen Stellen.**

2 Hinreichende Bedingungen für Wendepunkte: Graphen von f mit f(x) = −0,5x⁴ + x³ und g mit g(x) = 0,5x⁴ − 2x³ + 6.

a) Ermitteln Sie mithilfe von Ableitungen die Wendestellen. Prüfen Sie, ob es sich um eine Sattelstelle handelt.

Hilfe: Sattelstelle: Wenn f'(xₙ) = 0 und f''(xₙ) = 0 und f'''(xₙ) ≠ 0, dann ist xₙ Sattelstelle.
Wendestelle: Wenn f''(xₙ) = 0 und f'''(xₙ) ≠ 0, dann ist xₙ Wendestelle.

f(x) = −0,5x⁴ + x³   g(x) = 0,5x⁴ − 2x³ + 6

f'(x) = **−2x³ + 3x²**   g'(x) = **2x³ − 6x²**

f''(x) = **−6x² + 6x = 6x(1 − x)**   g''(x) = **6x² − 12x = 6x(x − 2)**

f'''(x) = **−12x + 6**   g'''(x) = **12x − 12**

Nullstellen von f'' sind x₁ = 0 und x₂ = **1**.   Nullstellen von **g''** sind x₁ = **0** und x₂ = **2**.

f'''(0) = **6 ≠ 0** und f'''(1) = **−6 ≠ 0.**   und **g'''(2) = 12 ≠ 0.**

Bei x₁ = 0 und x₂ = **1** gibt es Wendestellen.   Bei **x₁ = 0 und x₂ = 2 gibt es Wendestellen.**

f'(0) = 0, also ist bei x₁ = 0 **eine Sattelstelle.**   **g'(0) = 0, also ist bei x₁ = 0 eine Sattelstelle.**

f'(1) = 1 ≠ 0, also ist bei x₂ = 1 **keine Sattelstelle.**   **g'(2) = −8 ≠ 0, also ist bei x₂ = 2 keine Sattelstelle.**

b) Untersuchen Sie mithilfe der Tabellen, ob das Vorzeichen (VZ) von f'' an der Stelle xᵥᵥ wechselt.

Hilfe: Wenn f''(xᵥᵥ) = 0 und das Vorzeichen bei xᵥᵥ ein Wendepunkt.
Stelle xᵥᵥ, wechselt, dann existiert bei xᵥᵥ ein Wendepunkt.
Wenn f''(xᵥᵥ) = 0 und das Vorzeichen von f'' an der

x	−1	0	0,5	1	2
f''(x)	−12	0	1,5	0	−12
VZ	−		+		−

x	−1	0	1	2	3
g''(x)	18	0	−6	0	18
VZ	+		−		+

---

3 Welche Teilaussagen kommen in den notwendigen oder hinreichenden Bedingungen für die Aussagen ① bis ③ vor? Ordnen Sie diese zu.

① Der Graph von f hat bei x = 2 einen Wendepunkt.

② Der Graph von f hat bei x = 2 einen Sattelpunkt.

③ Der Graph von f ist bei x = 2 rechtsgekrümmt.

☐ f'(2) = 0 ☐ f''(2) < 0 ☐ f''(2) = 0 ☐ f'''(2) ≠ 0

Bei x = 2 hat f' einen Vorzeichenwechsel.

Bei x = 2 hat f'' einen Vorzeichenwechsel.

Bei x = 2 hat f' keinen Vorzeichenwechsel.

Bei x = 2 fällt f monoton.

4 Berechnen Sie die Wendepunkte der Funktion f mit f(x) = −$\frac{1}{24}$x⁴ + $\frac{1}{6}$x³ + 2. Untersuchen Sie auch, ob Sattelpunkte vorliegen.

f'(x) = −$\frac{1}{6}$x³ + $\frac{1}{2}$x²   **Nullstellen von f'' sind x₁ = 0 und x₂ = 2.**

f''(x) = −$\frac{1}{2}$x² + x = −$\frac{1}{2}$x·(x − 2)   f'''(0) = 1 ≠ 0 und f'(0) = 0   x₁ = 0 **ist Wende- und Sattelstelle.**

f'''(x) = −x + 1   f'''(2) = 1 ≠ 0 und f'(2) ≠ 0   x₂ = 2 **ist Wendestelle.**

f(0) = 2   f(2) = 2$\frac{2}{3}$

Wendepunkte sind A(0 | 2) und B(2 | 2$\frac{2}{3}$). Der Wendepunkt A(0 | 2) ist ein Sattelpunkt.

Weiterführende Aufgaben

5 Beurteilen Sie die Aussagen. Schreiben Sie die Nummern der passenden Begründungen auf.

① f'(x₀) = 0 an der Stelle x₀. ② f''(x₀) ≠ 0 an der Stelle x₀. ③ f'''(x₀) = 0 an der Stelle x₀.

④ f'(x₀) < 0 an der Stelle x₀. ⑤ f'''(x₀) ≠ 0 an der Stelle x₀. ⑥ f'(x₀) ≠ 0 an der Stelle x₀.

Der Graph von f ist an der Stelle x₀ = 1,5 monoton steigend. ☐ wahr ☒ falsch ④

Der Graph von f hat an der Stelle x₀ = 2 eine Sattelstelle. ☒ wahr ☐ falsch ①, ③

An der Stelle x₀ = 1 ist das notwendige Kriterium für ein Extremum erfüllt. ☐ wahr ☒ falsch ⑥

Der Graph von f hat an der Stelle x₀ = −1 ein Extremum. ☒ wahr ☐ falsch ①, ②

Der Graph von f hat an der Stelle x₀ = 0 eine Wendestelle. ☒ wahr ☐ falsch ③, ⑤

An der Stelle x₀ = 0 ist das notwendige Kriterium für ein Extremum erfüllt. ☒ wahr ☐ falsch ①

6 Ermitteln Sie die Gleichung der Tangente durch den Wendepunkt der Funktion f mit f(x) = x³ − 6x² + 9x − 4.

f'(x) = 3x² − 12x + 9   f''(x) = 6x − 12

Nullstelle von f'' ist x = 2.   Es gibt bei x = 2 einen Vorzeichenwechsel (f''(1) = −6; f''(3) = 6).

Wendepunkt ist demzufolge der Punkt W(2 | −2).

(f'''(x) = 6, also ungleich null, auch damit ist es ein Wendepunkt.)

f'(2) = −3   −2 = −3 · 2 + b gilt für b = 4.

Die Tangente durch den Wendepunkt hat die Gleichung tₗₗ(x) = −3x + 4.

1 Punkte der Funktion f sind auf dem Graphen markiert.

a) Ergänzen Sie zu wahren Aussagen und zeichnen Sie den Graphen mit den passenden Farben nach.

☐ f'(x) > 0 für alle x aus dem Intervall, demzufolge ist f streng monoton **steigend auf I.** --------

☐ f'(x) < 0 für alle x aus dem Intervall, demzufolge ist f streng monoton **fallend auf I.** – – – –

☐ f'(x) = 0

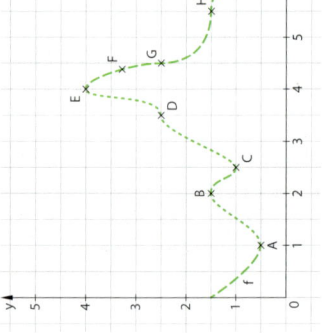

b) Kreuzen Sie Zutreffendes an.

	A	B	C	D	E	F	G	H
Extrempunkte sind die Punkte …	☒	☒	☒	☐	☐	☐	☐	☐
Wendepunkte sind die Punkte …	☐	☐	☒	☒	☐	☒	☒	☐
Hochpunkte sind die Punkte …	☐	☒	☐	☐	☒	☐	☐	☐
Tiefpunkte sind die Punkte …	☒	☐	☒	☐	☐	☐	☐	☐
Sattelpunkte sind die Punkte …	☐	☐	☐	☐	☐	☐	☐	☐
Bei … ist der Graph der Funktion f linksgekrümmt.	☒	☐	☒	☐	☐	☐	☐	☐

2 Kreuzen Sie alle zu $f(x) = \frac{1}{720}x^6 - \frac{1}{120}x^5 + \frac{1}{24}x^4 + \frac{5}{6}x^3 - \frac{7}{2}x^2 + 1984x - \pi$ passenden Ableitungen an.

☒ 0   ☐ (7. und höher)   ☒ $0,5x^2 - x + 1$ (4.)   ☒ $\frac{1}{6}x^3 - 0,5x^2 + x$ (3.)

$0,3x^3 - 0,5x^2 + x$ ☒ $x \cdot x - 1$ (5.)

3 Wählen Sie unter den vier Möglichkeiten eine passende Überschrift für die Schrittfolge. Kreuzen Sie diese an.

> 1. *Ermitteln von f', f'' und f'''*
> 2. *Ermitteln der Nullstellen von f''*
> 3. *Untersuchen des Vorzeichenwechsels von f'' oder Berechnen der dritten Ableitung an der potentiellen Stelle*

☐ Ermitteln von Hoch- und Tiefpunkten von f

☐ Ermitteln des Monotonieverhaltens von f

☒ Ermitteln von Wendestellen von f

☐ Ermitteln des Krümmungsverhaltens von f

4 Kreuzen Sie die wahren Aussagen an.

Der Graph einer ganzrationalen Funktion ohne Definitionslücke …

☒ besitzt mindestens einen Wendepunkt, wenn er einen Hoch- und einen Tiefpunkt hat

☐ besitzt mindestens einen Hoch- und einen Tiefpunkt, wenn er einen Wendepunkt hat

☐ besitzt mindestens einen Tiefpunkt, wenn er einen Hoch- und einen Wendepunkt hat

☒ besitzt keinen weiteren Extrempunkt, wenn er einen Extrempunkt und keine Wendepunkte hat

☐ besitzt mehrere Extrempunkte, wenn er mehrere Wendepunkte hat

5 Untersuchen Sie die Funktion f mit $f(x) = 0,125x^4 - 0,5x^3$ und mithilfe der Ableitungen.

a) Monotonie — streng monoton fallend auf I: f'(x) < 0   streng monoton steigend auf I: f'(x) > 0

$f'(x) = 0,5x^3 - 1,5x^2$
$0 = 0,5x^3 - 1,5x^2 = 0,5x^2(x - 3)$
$x_1 = 0 \qquad x_2 = 3$

Teststellen:
$f'(-1) = 0,5 \cdot (-1)^3 - 1,5 \cdot (-1)^2 < 0$ (↘)
$f'(1) = 0,5 \cdot 1^3 - 1,5 \cdot 1^2 < 0$ (↘)
$f'(4) = 0,5 \cdot 4^3 - 1,5 \cdot 4^2 > 0$ (↗)

f ist monoton steigend für **x > 3.**
f ist monoton fallend für **x < 3.**

b) Krümmung — linksgekrümmt auf I: f''(x) > 0   rechtsgekrümmt auf I: f''(x) < 0

$f''(x) = 1,5x^2 - 3x$
$0 = 1,5x^2 - 3x = x(1,5x - 3)$
$x_1 = 0 \qquad x_2 = 2$

Teststellen:
$f''(-1) = 1,5 \cdot (-1)^2 - 3 \cdot (-1) > 0$
$f''(1) = 1,5 \cdot 1^2 - 3 \cdot 1 < 0$
$f''(4) = 1,5 \cdot 4^2 - 3 \cdot 4 > 0$

Der Graph ist für **x < 0 und x > 2** linksgekrümmt.
Der Graph ist für **0 < x < 2** rechtsgekrümmt.

c) Extrempunkte — $f'(x_E) = 0$ und $f''(x_E) \neq 0$ (Minimumstelle: $f''(x_E) < 0$) (Maximumstelle: $f''(x_E) > 0$; Eventuell liegt ein Sattelpunkt vor.

$f'(x) = 0,5x^3 - 1,5x^2 \qquad x_1 = 0 \qquad x_2 = 3$
$f''(0) = 1,5 \cdot 0^2 - 3 \cdot 0 = 0$ Es ist keine Aussage zu Extrema möglich. Eventuell liegt ein Sattelpunkt vor.
$f''(3) = 1,5 \cdot 3^2 = 4,5 > 0$ Tiefpunkt T(3|−3,375)

$f(3) = 0,125 \cdot 3^4 - 0,5 \cdot 3^3 = -3,375$

Es gibt nur einen Extrempunkt, den Tiefpunkt T(3|−3,375). (siehe Hinweis unter d)

d) Wendepunkte — $f''(x_w) = 0$ und $f'''(x_w) \neq 0$ (Sattelpunkt: $f'(x_w) = 0$)

$f''(x) = 1,5x^2 - 3x \qquad x_1 = 0 \qquad x_2 = 2$
$f'''(x) = 3x - 3$
$f'''(0) = 3 \cdot 0 - 3 = -3 \neq 0$ Sattelpunkt   W₁(0|0)
$f'''(2) = 3 \cdot 2 - 3 = 3 \neq 0$ Wendepunkt   W₂(2|−2)

$f(0) = 0,125 \cdot 0^4 - 0,5 \cdot 0^3 = 0$
$f(2) = 0,125 \cdot 2^4 - 0,5 \cdot 2^3 = -2$

Wendepunkte sind die Punkte W₁(0|0) und W₂(2|−2). W₁(0|0) ist ein Sattelpunkt.

e) Kreuzen Sie die Zeichnung an, die den Graphen von f enthält. Zeichnen Sie beide Koordinatenachsen ein.

Hinweis zu den Teilaufgaben c und d: Die Ergebnisse der Teilaufgaben a und b führen effizient(er) zur Lösung. Aus f'(0) = 0 und f'(3) = −3,375 folgt, dass T(3|−3,375) Tiefpunkt und S(0|0) Sattelpunkt des Graphen ist.

6 Der Wasserstand in einem Regenwasserspeicher kann in den ersten drei Regenstunden durch die Funktion f mit $f(t) = \frac{1}{32}t^3 + \frac{3}{16}t^2 + 3,74$ modelliert werden.

Berechnen Sie den Zeitpunkt, zu dem der Wasserstand am stärksten anstieg.
$f'(t) = -\frac{3}{16}t + \frac{3}{8} \qquad f''(t) = -\frac{3}{16} < 0$, also ist W(2|4,24) Wendepunkt mit lokal maximaler Steigung. Der stärkste Anstieg erfolgte nach 2 Stunden.

Basisaufgaben

1 Arithmetisches Mittel: Ermitteln Sie das arithmetische Mittel $\bar{x}$.

Hilfe: $\bar{x} = (x_1 + x_2 + x_3 + \cdots + x_n) : n$

a) -12 °C; 8 °C; 12 °C; 0 °C
$\bar{x} = (-12\,°C + 8\,°C + 12\,°C + 0\,°C) : 4$
$x = 2\,°C$

b) 980 g; 1,25 kg; 0,05 kg; 0,35 kg; 25 g
$\bar{x} = (980\,g + 1250\,g + 50\,g + 350\,g + 25\,g) : 5$
$x = 531\,g = 0,531\,kg$

c) $\frac{1}{4}$ m; 0,08 km; 1,25 m; 32 m
$\bar{x} = (0,25\,m + 80\,m + 1,25\,m + 32\,m) : 4$
$x = 28,375\,m = 2837,5\,cm = 28375\,mm ≈ 0,028\,km$

d) 18 l; 2 dm³; 0,012 l; 8 l
$x = (18\,l + 2\,l + 0,012\,l + 8\,l) : 4$
$\bar{x} = 7,003\,l = 7,003\,dm^3 = 7003\,cm^3 ≈ 0,07\,hl$

2 Median (Zentralwert): Ermitteln Sie den Median $\tilde{x}$.

Hilfe: Bei gerader Anzahl von Daten ist er das arithmetische Mittel der beiden mittleren Werte. Der Median halbiert die geordnete Datenliste.

Urliste	geordnete Datenliste	Median
1; 0; 2; 7; 3; 4; 10	0; 1; 2; 3; 4; 7; 10	$\tilde{x} = 3$
12; 3; 7; 8; 15; 4	3; 4; 7; 8; 12; 15	$\tilde{x} = (7 + 8) : 2 = 7,5$
5 €; 12 €; 5 €; 5 €; 5 €	5 €; 5 €; 5 €; 5 €; 12 €	$\tilde{x} = 5\,€$
2 km; 400 m; 0,02 km; 5 · 10⁹ mm	0,02 km; 0,4 km; 2 km; 5000 km	$\tilde{x} = (0,4\,km + 2\,km) : 2 = 1,2\,km$

3 Median und arithmetisches Mittel bei Häufigkeitsverteilungen: Geben Sie das arithmetische Mittel und den Median an. Nutzen Sie eine geordnete Liste.

a)
Note	1	2	3	4	5	6
absolute Häufigkeit	2	3	4	7	3	1

geordnete Datenliste: 1; 1; 2; 2; 2; 3; 3; 3; 3; 4; 4; 4; 4; 4; 4; 4; 5; 5; 5; 6

$\bar{x} = (2 · 1 + 3 · 2 + 4 · 3 + 7 · 4 + 3 · 5 + 1 · 6) : 20 = 3,45$
$\tilde{x} = 4$

b)
Verspätungen in min	0	1	3	8	10
absolute Häufigkeit	4	2	4	1	1

geordnete Datenliste: 0; 0; 0; 0; 1; 1; 3; 3; 3; 3; 8; 10

$\bar{x} = (4 · 0 + 2 · 1 + 4 · 3 + 1 · 8 + 1 · 10) : 12 = 2,67$
$\tilde{x} = 2$

„Durchschnitt" ($\bar{x}$)
„Mitte" ($\tilde{x}$)

4 Drei Schuhgrößen fehlen. Ergänzen Sie die Tabelle so, dass der Median und das arithmetische Mittel 40 ist.

Schuhgröße	39	40	41	42	43	44
Anzahl	14	9	4	0	2	1

5 Berechnen Sie das arithmetische Mittel für relative und absolute Häufigkeiten.

Hilfe: $\bar{x} = h_1 · x_1 + h_2 · x_2 + \cdots + h_n · x_n$ (Werte mal die relativen Häufigkeiten h_i)

a) Krankheitsbedingte Fehltage pro Woche in einer Firma.

Anzahl der Fehltage je Woche	0	1	2	3	4	5
relative Häufigkeit	0,80	0,07	0,03	0	0,06	0,04

$x = 0,8 · 0 + 0,07 · 1 + 0,03 · 2 + 0,06 · 4 + 0,04 · 5 = 0,57$ Der Durchschnitt der Fehltage pro Woche ist 0,57.

b) Einkaufspreise ein und desselben Rohstoffs von drei verschiedenen Händlern.

Händler	A	B	C
Preis je Einheit in $	150	200	180
Anteil am Gesamteinkauf	65 %	10 %	25 %

$\bar{x} = 150 · 0,65 + 200 · 0,10 + 180 · 0,25 = 162,50$ Der Durchschnittspreis beträgt 162,50 $.

c) Anzahl der Regentage pro Monat auf dem Brocken.

Anzahl Regentage	18	19	20	21	22	23	24	25
Anzahl der Monate	2	1	2	2	1	1	2	1

$\bar{x} = (2 · 18 + 19 + 2 · 20 + 2 · 21 + 22 + 23 + 2 · 24 + 25) : 12 = 21,25$ Es sind ca. 21 Regentage pro Monat.

Weiterführende Aufgaben

6 „…. So ist das BIP pro Kopf in Westdeutschland seit 2010 von 34.000 auf 39.000 Euro im Jahr 2015 gestiegen, in Ostdeutschland liegt es mit knapp 29.000 Euro immer noch deutlich darunter …" (Zitat aus FAZ – Online vom 06.09.2017)
Westdeutschland hatte 2015 ca. 66,1 Mio. Einwohner und Ostdeutschland ca. 16,1 Mio.

a) Berechnen Sie das durchschnittliche BIP (Bruttoinlandsprodukt) pro Kopf 2015 in ganz Deutschland.
$29000 € · \frac{16,1}{82,2} + 39000 € · \frac{66,1}{82,2} ≈ 37041 €$ Das durchschnittliche BIP pro Kopf betrug ca. 37041 €.

b) Ermitteln Sie das BIP pro Kopf im Osten, wenn das BIP pro Kopf für ganz Deutschland bei 38000 € gelegen hätte.
$x · \frac{16,1}{82,2} + 39000 € · \frac{66,1}{82,2} = 38000 €$ $x ≈ 33894 €$ Es hätte im Osten ca. 33894 € betragen müssen.

7 Körpergrößen der Mädchen: 1,69 m; 1,61 m; 1,76 m; 1,68 m; 1,75 m; 1,59 m; 1,62 m; 1,75 m; 1,72 m; 1,64 m;
Körpergrößen der Jungen: 1,70 m; 1,64 m; 1,81 m; 1,75 m; 1,87 m; 1,76 m; 1,70 m; 1,78 m; 1,72 m;

a) Welcher der Mittelwerte der Daten ist 1,75 m?   Median der Körpergrößen der Jungen

b) Kreuzen Sie geeignete Klasseneinteilungen an. Zeichnen Sie dazu ein Säulendiagramm.

- [ ] 1,50 m bis 1,60 m; 1,60 m bis 1,70 m; 1,70 m bis 1,80 m; 1,80 m bis 1,90 m
- [x] 1,50 m bis 1,59 m; 1,60 m bis 1,69 m; 1,70 m bis 1,79 m; 1,80 m bis 1,89 m
- [x] 1,51 m bis 1,60 m; 1,61 m bis 1,70 m; 1,71 m bis 1,80 m; 1,81 m bis 1,90 m
- [ ] 1,55 m bis 1,60 m; 1,61 m bis 1,70 m; 1,71 m bis 1,80 m; 1,81 m bis 1,90 m

Körpergrößen von Jungen und Mädchen — Anzahl; 1,50 bis 1,59 m; 1,60 bis 1,69 m; 1,70 bis 1,79 m; 1,80 bis 1,89 m

Deutsche Wirtschaft auf Wachstumskurs

Basisaufgaben

1 Spannweite: Ergänzen Sie die Sätze.

Hilfe: Die Spannweite ist die Differenz zwischen dem größten und kleinstem Wert einer Datenreihe.

a) Die Spannweite der Schulnoten ist **5. (6 – 1 = 5)**

b) Die Spannweite der Anzahl der Buchstaben der Wörter in der Hilfe zu 1 ist **7. (10 – 3 = 7)**

c) Die Spannweite der Anzahl der Tage eines Monats ist **3 d. (31d – 28d = 3d)**

d) Die Spannweite der Pausenlängen an einem Unterrichtstag ist **individuelle Lösung**

2 Empirische Varianz s^2 und empirische Standardabweichung s: Markieren Sie zusammengehörige Angaben mit der gleichen Farbe.

Hilfe: $s^2 = \frac{1}{n}\left[(x_1-\bar{x})^2 + (x_2-\bar{x})^2 + \cdots + (x_n-\bar{x})^2\right]$

| 1; 2; 3 [A] | 1; 3; 2; 6 [B] | 0; 1; 5; 6; 4 [C] | 0,5; 0,2; 0,4; 0,3; 0,5; 0,8 [D] | 3; 5 [E] |

| n = 5 [C] | n = 2 [E] | n = 3 [A] | n = 6 [D] | n = 4 [B] |

| $\bar{x}$ = 3 [B] | $\bar{x}$ = 0,45 [D] | $\bar{x}$ = 3,2 [C] | $\bar{x}$ = 4 [E] | $\bar{x}$ = 2 [A] |

| $s^2 \approx 0,036$ [D] | $s^2 = 1$ [E] | $s^2 = 3,5$ [B] | $s^2 = 5,36$ [C] | $s^2 = 0,\bar{6}$ [A] |

| $s \approx 0,82$ [A] | $s \approx 1,87$ [B] | $s \approx 0,19$ [D] | $s = 1$ [E] | $s \approx 2,32$ [C] |

3 Empirische Standardabweichung s und relative Häufigkeiten: Berechnen Sie die Standardabweichung s.

Hilfe: $\sqrt{\frac{1}{n}\cdot\left[(x_1-\bar{x})^2 \cdot z_1 + \cdots + (x_n-\bar{x})^2 \cdot z_n\right]} = s$

Kurs 11a

Note (x_i)	1	2	3	4	5	6	$\bar{x}$
Anzahl (h_i)	5	3	2	1	4	5	3,55

x_i	h_i	$(x_i - \bar{x})^2 \cdot h_i$
1	$\frac{5}{20}$	$(1 - 3,55)^2 \cdot \frac{5}{20} \approx 32,51$
2	$\frac{3}{20}$	$(2 - 3,55)^2 \cdot \frac{3}{20} \approx 7,21$
3	$\frac{2}{20}$	$(3 - 3,55)^2 \cdot \frac{2}{20} \approx 0,61$
4	$\frac{1}{20}$	$(4 - 3,55)^2 \cdot \frac{1}{20} \approx 0,20$
5	$\frac{4}{20}$	$(5 - 3,55)^2 \cdot \frac{4}{20} \approx 8,41$
6	$\frac{5}{20}$	$(6 - 3,55)^2 \cdot \frac{5}{20} \approx 30,01$
Summen	1	3,95

$s^2 \approx 3,95$

$s = \sqrt{3,95} \approx 1,99$

Kurs 11b

Note (x_i)	1	2	3	4	5	6	$\bar{x}$
Anzahl (h_i)	1	4	5	5	3	2	3,55

x_i	h_i	$(x_i - \bar{x})^2 \cdot h_i$
1	$\frac{1}{20}$	$(1 - 3,55)^2 \cdot \frac{1}{20} \approx 6,50$
2	$\frac{4}{20}$	$(2 - 3,55)^2 \cdot \frac{4}{20} \approx 9,61$
3	$\frac{5}{20}$	$(3 - 3,55)^2 \cdot \frac{5}{20} \approx 1,51$
4	$\frac{5}{20}$	$(4 - 3,55)^2 \cdot \frac{5}{20} \approx 1,01$
5	$\frac{3}{20}$	$(5 - 3,55)^2 \cdot \frac{3}{20} \approx 6,31$
6	$\frac{2}{20}$	$(6 - 3,55)^2 \cdot \frac{2}{20} \approx 12,01$
Summen	1	1,85

$s^2 \approx 1,85$

$s = \sqrt{1,85} \approx 1,36$

Zusatzaufgabe: Jo sagt: Da die Noten der 11b besser sind aufgrund der Standardabweichung. Stimmt das? **Das hängt von der Betrachtungsweise ab. Betrachtet man nur das arithmetische Mittel, sind beide Kurse gleich gut. Betrachtet man die Streuung, kommt man nicht zu diesem Ergebnis. Das Mittelfeld (Noten 3 und 4) unterscheidet sich deutlich bei 11a und b.**

4 Ermitteln Sie das arithmetische Mittel der durchschnittlichen monatlichen Höchsttemperaturen und die Standardabweichungen von beiden Orten. Was fällt auf?

Ort 1	$\bar{x} \approx 21,9°C$	$s \approx 4,3°C$
Ort 2	$\bar{x} \approx 20,3°C$	$s \approx 5,5°C$

Ort 1 hat den höheren Mittelwert und eine geringere Streuung als Ort 2. Die Spannweite der durchschnittlichen monatlichen Höchsttemperaturen ist in Ort 2 etwas größer.

Zusatzaufgabe: Formulieren Sie eine Vermutung zur Lage der Orte. **Der Ort 1 (Kreta) liegt auf der Nordhalbkugel. Der Ort 2 (Canberra) liegt auf der Südhalbkugel.**

Weiterführende Aufgaben

5 Zwei Maschinen füllen ein Getränk in 0,5-Liter-Flaschen ab. Stichprobenartig werden die Füllmengen überprüft.

Maschine A: 0,52 l; 0,50 l; 0,50 l; 0,47 l; 0,51 l; 0,50 l; 0,47 l; 0,49 l; 0,50 l; 0,50 l; 0,52 l
Maschine B: 0,50 l; 0,50 l; 0,52 l; 0,49 l; 0,51 l; 0,50 l; 0,51 l; 0,51 l; 0,49 l; 0,49 l; 0,47 l

Vergleichen Sie anhand der Stichprobenergebnisse die Maschinen. Berechnen Sie geeignete Werte mit dem GTR.

	$\bar{x}$	$\tilde{x}$	s	Spannweite	genau 0,5 l Inhalt
Maschine A	0,498 l	0,5 l	0,017 l	0,05 l	40%
Maschine B	0,5 l	0,5 l	0,013 l	0,05 l	30%

Beide Mittelwerte sind etwa gleich groß. Die Streuung bei Maschine B ist etwas kleiner als bei Maschine A. Die Kenngrößen unterscheiden sich somit kaum.

Zusatzaufgabe: Bewerten Sie die Repräsentativität der Ergebnisse. **Da es sich nur um eine kleine Stichprobe handelt, sind die Ergebnisse nicht repräsentativ.**

6 Es wurde die Anzahl von abwesenden Lerngruppen aufgrund von außerschulischen Projekten ein Jahr lang notiert. Kreuzen Sie alle zur Tabelle passenden Aussagen an.

Monat	1	2	3	4	5	6	7	8	9	10	11	12
Schule A	7	5	7	5	1	0	5	3	2	1	0	1
Schule B	3	3	3	3	3	3	3	3	3	3	3	4

[x] In beiden Schulen sind die Abwesenheiten aufgrund von außerschulischen Projekten gleich. **37**

[x] Im Durchschnitt gab es jeden Monat etwa drei Lerngruppen in außerschulischen Projekten. **$\bar{x} \approx 3,08$**

[ ] Die Standardabweichung der Abwesenheiten aufgrund derartiger Projekte bei Schule B wäre kleiner, wenn es im November nur eine und im Dezember sechs abwesende Lerngruppen gegeben hätte. **alt: $s \approx 0,28$; neu: $s \approx 1,04$**

[x] In der Schule A gab es im ersten Halbjahr überdurchschnittlich viele Abwesenheiten von Lerngruppen aufgrund von außerschulischen Projekten. **Durchschnitt im Jahr: 3,08; Durchschnitt im ersten Halbjahr: 4,17**

[ ] Der Modalwert und der Median der Abwesenheiten aufgrund derartiger Projekte in Schule A würden sich ändern, wenn im September nur ein und dafür im August vier Abwesenheiten von Lerngruppen zu verzeichnen gewesen wären. **Der Modalwert ist dann nur noch 1 und nicht 1 und 5. Der Median bleibt gleich (2,5). Der Modalwert bleibt gleich bei 11a und b.**

1 *Alter von vier Personen in Jahren: 23; 24; 23; 30*

a) Kreuzen Sie Zutreffendes an.

Das Durchschnittsalter ist …

☐ $\frac{23 + 24 + 30}{3}$ ☐ $\frac{2 \cdot 23 + 24 + 30}{3}$ ☒ $\frac{2 \cdot 23 + 24 + 30}{4}$ ☒ $\frac{100}{4}$

Der Median ist …

☐ 23 ☒ 23,5 ☐ 24 ☐ 25

Der Modalwert ist …

☒ 23 ☐ 24 ☐ 25 ☐ 30

Die empirische Standard-abweichung ist …

☒ $\frac{\sqrt{34}}{4}$ ☒ $\frac{\sqrt{34}}{2}$ ☒ 2,92 ☒ $\frac{1}{2}\sqrt{2 \cdot 2^2 + 1^2 + 5^2}$

b) Eine fünfte Person kommt hinzu. Sie ist 25 Jahre alt.

Entscheiden Sie sich möglichst ohne Berechnung des Kennwertes für die passende Ergänzung.

Das arithmetische Mittel … ☐ wird größer ☒ bleibt gleich ☐ ist unklar

Der Median … ☒ wird größer ☐ bleibt gleich ☐ ist unklar

Der Modalwert … ☐ wird größer ☐ bleibt gleich ☐ ist unklar

Die empirische Varianz … ☒ wird größer ☐ bleibt gleich ☐ ist unklar

Die Spannweite … ☐ wird größer ☒ bleibt gleich ☐ ist unklar

2 Ein Hobbychemiker möchte zwei Liter 20%igen Alkohol herstellen. Er hat 10- und 50%igen Alkohol zur Verfügung. Kreuzen Sie an, welches Vorgehen ihn zu seinem Ziel führt. Begründen Sie Ihre Entscheidung. $1,5\,l + 0,5\,l = 2\,l$

☐ Er nimmt 1 Liter von jeder Sorte.

☐ Er nimmt 0,5 Liter des 10%igen und 1,5 Liter des 50%igen Alkohols.

☐ Er nimmt 1,5 Liter von jeder Sorte.

☒ Er nimmt 1,5 Liter des 10%igen und 0,5 Liter des 50%igen Alkohols.

Menge: $x + y = 2\,l$

relative Häufigkeiten: $0,1x + 0,5y = 0,2 \cdot 2\,l$ $(\,0,1 \cdot 1,5\,l + 0,5 \cdot 0,5\,l = 0,2 \cdot 2\,l\,)$ $x = 1,5\,l$ und $y = 0,5\,l$

3 Als einkommensarm gelten Menschen, wenn sie über weniger als 60 % des mittleren Einkommens verfügen. Laut Armutsbericht der Bundesregierung waren 2014 ca. 15,3 % der Bevölkerung der Bundesrepublik von Einkommensarmut betroffen, in Westdeutschland ca. 14,9% und in Ostdeutschland (einschließlich Berlin) ca. 16,8%.

Anne sagt: „Die Autoren der Studie haben sich verrechnet, denn das arithmetische Mittel der Angaben für Ost- und Westdeutschland ist $\frac{16,8\% + 14,9\%}{2} = 15,85\% \neq 15,3\%$."

Benno sagt: „Nein, die 15,3 % können stimmen, denn im Osten leben viel weniger Menschen als im Westen, und das muss beim Berechnen des arithmetischen Mittels berücksichtigt werden."

a) Geben Sie an, wer Ihrer Meinung nach recht hat. **Benno hat recht.**

b) Berechnen Sie das arithmetische Mittel nach Bennos Auffassung mit den Einwohnerzahlen für Ostdeutschland (einschließlich Berlin) von 15,974 Mio. und für Westdeutschland 66,057 Mio. Menschen.

$\frac{16,8\% \cdot 15,974 + 14,9\% \cdot 66,057}{66,057 + 15,974} = 15,3\%$

4 Monatliche durchschnittliche Tageslängen – Zeitspanne zwischen Sonnenaufgang und Sonnenuntergang in Stunden. Ergänzen Sie die fehlenden Werte in der Tabelle.

Kenngröße	Reykjavik	Quito
arithmetisches Mittel	12,65	12,14
empirische Standardabweichung	5,40	0,05
Median	12,5	12,1
Spannweite	16,4	0,1

Tageslänge (in h) ☐ Reykjavik ☐ Quito

Reykjavik: 5,6 8,8 11,9 15,2 18,5 21 19,9 16,5 13,1 9,9 6,8 4,6
Quito: 12,2 12,2 12,1 12,1 12,1 12,1 12,1 12,1 12,1 12,2 12,2 12,2

Monat